食品知識ミニブックスシリーズ

〈改訂４版〉

乾めん入門

安藤剛久 著

JN153436

日本食糧新聞社

「乾めん入門」改訂4版発刊にあたって

同じ書き初めになるが、平成20年に改訂3版を出版。これでペンを置くことになると思っていたところ、4版をというご依頼を受け、嬉しいやら辛いやらの複雑な気持ちで改版させていただきました。いまさらながら乾めんに携わる方々に、1から10までのことを伝えたいと努力はいたしておりますが、物忘れもあって、ご一読していただき何の斬新さも新鮮さもないとお叱りを覚悟しております。日本経済は、アベノミクス〔3本の矢（財政出動、金融緩和、成長戦略）〕効果によって、景気低迷から上昇に向かい、為替は円安へ、株高へ変化が現れ、デフレという長いトンネルを抜け出そうともがき、いくらか経済指標の改善がみられたといったところか。平成27年4月に消費税が5％から8％へ引き上げられ、マイナス成長への軌道にブレーキとなったことは否めないようだ。しかし、円安では輸出が持ち直し、株高では個人消費の拡大など目に見える回復ではないが、大手企業を中心に企業業績は堅調に上昇へと推移しているようだ。

一方では格差社会を生んでいる。食品業界では、大幅な円安による輸入原料の高騰、電力、配送経費、包材等エネルギーコストの上昇、人手不足による人件費の上昇等コスト増に悩んでいる。また、少子高齢化の言葉が耳に残る。重ねて、年々人口減少時代を確実に迎えてもいる。すでに、65歳以上の人口が23％を占め、個人消費の40％以上が60歳以上といわれている。そこで、団塊世代が消費をリードするとみられていたが、老後の不安を抱え財布のヒモは堅いようだ。シニア商戦は意外と偏った感じで、介護サービス、老人ホームといったビジネスが良いようだ。観光地、新幹線等行楽地では元気な中高年女性が目立つ。

シニア時代に向けての商戦が活発化させるためにも、乾めんを活発化させるための戦略がのぞまれる。乾めんの「安全・安心・経済性」「少量包装」「健康」が切り口となろう。そして、輸出促進に力を注いで欲しい。平成26年和食がユネスコ無形世界遺産に指定された。和の代表として「日本風パスタ」を世界に羽ばたかせるチャンスでもあると思う。それには、美味しい乾めんが重要である。

まえがき

食品は「美味しくなければ」が筆者の絶対的考えである。人はそれぞれ好みがある。また、時の流れは速く、いかに消費者ニーズをとらえるか。乾めんは、いち早くＪＡＳ規格を導入して乾めんの規格を確立した。しかし、その基準に縛られては、なかなか新商品の開発ができないであろう。そこで、水分含有量の規格を廃止した。製めんし乾燥したものは水分含有量が20％であっても乾めんとした。メーカーはカビのことを心配するが、賞味期限表示でカバーできる。逆に規格を厳しくして、たん白量を０・３５とした。乾めんは、美味しいからこそ、日本の伝統食品といわれている。美味しさの追求を貪欲に持ってほしい。シンプルがベスト。形も棒状だけでいいのか。そのシンプルさも深く探りたいものだ。

21世紀も早15年経過し、一瞬たりとも留まっていられない時代になっている。食品業界、乾めん業界を取り巻く環境には大きな変化が見られる。品質管理に衛生管理（ＨＡＣＣＰ）が求められ、表示も食品表示の一元化によって、食品表示法が平成27年4月に施行された。一方、国際的なイベントとして、２０２０年に東京オリンピック・パラリンピックの開催等が決まっている。日本食・食文化を世界レベルで発信するチャンスでもある。乾めんもグローバルに取り組み輸出促進に励んでほしいものだ。新たにイスラム教「ハラール認証」、ユダヤ教「コーシャ（カシュルート）」など食に関する宗教的規定等あるが、乾めんには国境はないと思っている。商品開発、市場開拓、人材育成等課題は多い。乾めんの需要は、先行き不透明ではあるが、和食への回帰、伝統食品の安心・安全・美味しい、そして、地球儀的商圏等を意識して需要拡大に努めてほしい。改訂版発行にあたり、全国乾麺協同組合連合会・一般社団法人乾めん・手延べ経営技術センター・各都道府県組合・乾めんおよび手延べ製造業者・賛助会員・関係団体・製粉会社・日本食糧新聞社他多くの関係者各位に、公私ともに多大なるご支援、ご協力を賜り心から厚くお礼申し上げます。

平成27年12月

筆者

目　次

第１章

日本のめん類の歴史

1　めん類の起源と発展

(1) 索餅《さくへい》の渡来

めんというと、関東地方以東ではまず、そばの名があげられるであろう。しかし、日本のめんの歴史をたどると、そばがめんとして造られるようになったのは15世紀からのことで、さらに、一般的に食べられるようになったのは、江戸が文化の中心として栄えてからのことである。日本のめん類はそれまで、小麦粉を原料としたそうめん、うどんなどが主流であった。

歴史上でめんらしきものが登場したのは、そうめんの源流と考えられてきた索餅が中国から渡来したときである。遣唐使が活躍し、中国の文化を積極的に取り入れた奈良時代（７１０〜７８４年）の頃に、索餅がしょうゆ、納豆などの伝統食品とともに持ち込まれたのである。中国では、後漢や唐の時代に、この索餅の名称が書物に現れている（図表１―１）。

索餅とは、図表１―２のように小麦粉と米の粉を練り、それを縄のような形にねじったもの、あるいはそれをさらに油で揚げたものであったと考えられている。索餅は和名をむぎなわ（麦縄、无岐奈波《むぎなわ》）というが、索餅と麦縄の言葉が奈良時代から鎌倉時代の文献によく出てくる。

麦縄の「麦」は、植物の麦のほかに、後述する切麦、冷麦などをみてもわかるように、小麦粉でつくっためんを意味していた。また、索餅の「索」

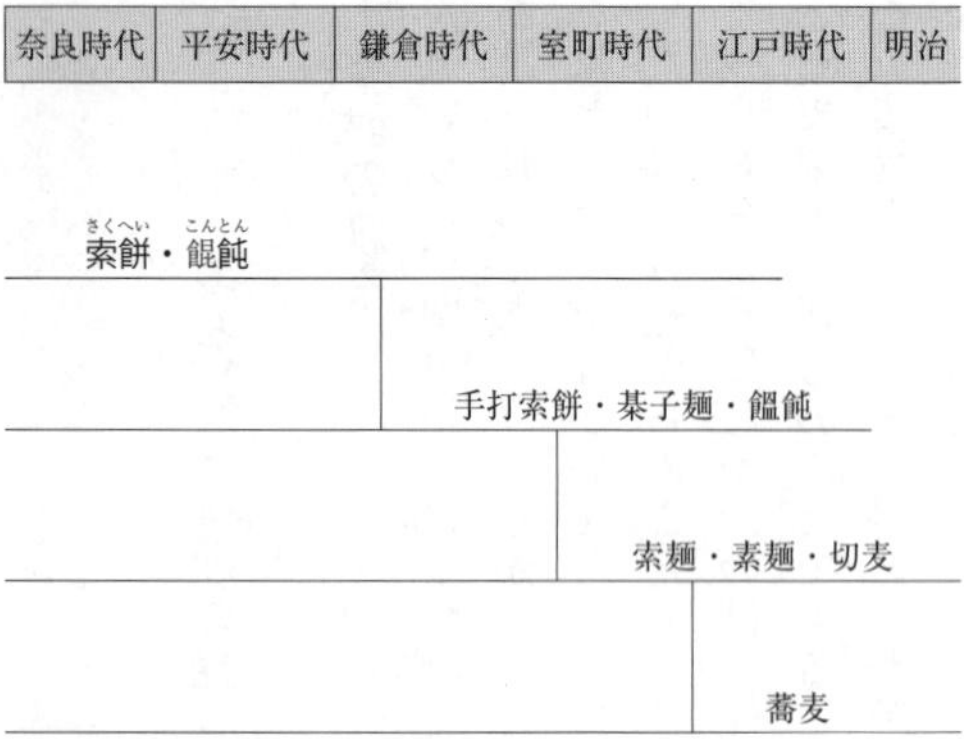

図表１－１　めん類の系統年表

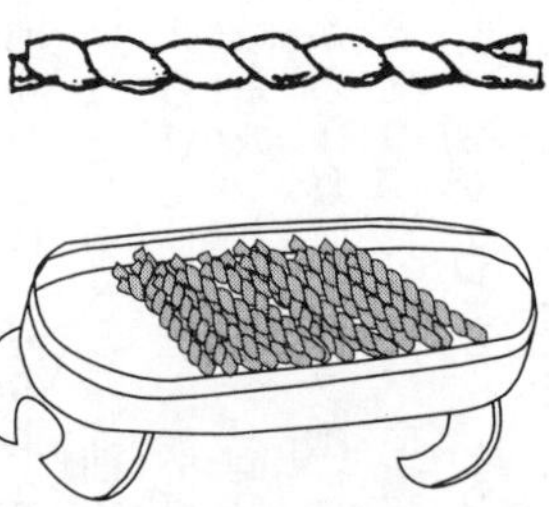

『延喜式』の記述による索餅の予想図

図表１－２　索餅の形

は縄を意味し、「餅」は小麦粉を使った食品を意味していた。したがって索餅と麦縄は同一の食品であるとみられている。また、語源のうえでも、索餅が索麺《さくめん》、素麺《そうめん》と変化したとするのが定説となり、索餅がそうめんの原型とされてきた。

(2) 索餅の菓子説とめん説

中国から渡来した当時の索餅が具体的にどういうものであったかについては、意見が分かれている。一つは唐菓子の一種であったという説、もう

『延喜式』の記述内容等から配合、製法、形状を推測して作った
写真１－１　索餅

一つはめんに近いものであったという説であるが、確かなことはわかっていない。

菓子説は、こうである。索餅は、儀式用の供え物、接客用の高級菓子のひとつとして渡来した。それが、鎌倉時代の頃に今のそうめんのようなものになったというのである。

醍醐天皇の時代に宮中の儀式作法などを集大成した法例集、『延喜式』第三三巻大膳職下（927年）がまとめられた。そのなかに、索餅の原材料について詳細に記され、製法については「小麦を臼でつき、ふるいでふるって粉を造る」とあるが、確かなことはわからない（写真1－1）。

めん食文化研究家の小島高明氏は、『延喜式』の制定条文の下敷きに、ひとつの詔勅があったことを突きとめた。宇多天皇御記、寛平2（890）年2月の条に、

「卅日丙戌。仰善日。正月十五日七種粥。三月三日桃花餅。五月五日五色粽。七月七日索麪。十月初亥餅等。俗間行以為歳事。自今以後毎色辨調宜供奉之。于時善為後院別當。故有此仰。」(原文のまま)

とある。『延喜式』完成の37年前のこと。

よって、「この時差関係からみて、『延喜式』の『7月7日の索麪』の条文は宇多天皇の詔勅を下敷きにした」と考察している。

また、「索麪」とはいったいどんなものか、氏は、「その作り方に定説はないが、古代中国めんの原始手法から推測して、米粉を混ぜた麦粉団子を、両手の平と指先きを使って、ひも状に伸ばした乾燥めんではなかろうかとしている。『索麪』『索餅』などわが古代めんは、今日の日本の特定のめんと直結する技術系譜はないが、今のめん全体の〝大先祖〟のひとつである」と解説している。

〈索餅の食べ方〉

ゴマ油で揚げた索餅は、そうめんのイメージとはおよそかけ離れていると思われるが、揚げずに蒸して糖《あめ》や醤油《ひしほす》をつけて食べることもあったようである。

〈索餅の材料〉

小麦粉(中力粉、たん白質10・5〜11・0%)
……150cc(約70g)
上新粉(うるち米の粉)……60cc(約35g)
塩……小さじ1/4杯(1〜1・5g)
水……60cc位
ゴマ油……適量

〈索餅の作り方〉

1)小麦粉、上新粉、塩を合わせふるう。

2) ボウルに1)のミックス粉を入れ、水を少しずつ加えながら混ぜる。力強くこねて全体がなめらかになったら12等分する。
3) 2)の生地を30～35cmの細い棒状に延ばし、両端をよって縄状にする。
4) ゴマ油を温め、ゆっくりと揚げ、油を切る。

また、鎌倉末期の『厨事類記』によると、臼でついてつくった小麦粉と米粉を原料にし、これを混合して塩を溶かした湯を注ぎ、練り合わせ、台の上で押し延ばし、包丁で細く切る。それを竹にかけて乾燥させる。これをみるかぎり、索餅は手打ちめんである。小麦粉のほかに米の粉を混ぜているし、現在の手延べそうめんのように油を塗って延ばすわけでもなかったようだ。

しかし、包丁で細く切ってめんにする切麦などの言葉が登場するのが、室町時代からであることから、この切りめん説は否定されている。したがって、索餅は手延べのかたちで造られたとみられる。

前述の『延喜式』に基づき、実際に索餅を造る試みが近年になってなされたが、めんができることがわかり、索餅は菓子ではなく、めんであったという説が有力になっている。

しかし、索餅のかたちはめんとしてはかなり太いものであったとする見方がある。『今昔物語』に麦縄がヘビに化けた話があるところから、ヘビのように太かったのだろうというのである。

それに対する否定もある。麦縄は、そうめんのように乾燥させて造る保存食であり、奈良時代に「乾麦」が市販されていた記録が残っているが、これは索餅のことであるとみられている。索餅が、ヘビのように太いと乾燥がむずかしいというのである。

索餅＝索麺の説は、元禄期に貝原好古らが唱えたもので、それが今日まで受け継がれてきたようである。

(3) 索餅と七夕の行事

索餅は、『延喜式』巻三十、大蔵省織部司によると、旧暦7月7日の七夕の儀式に、供物の一つとして供えられた。とくに平安期からは、宮中では七夕の行事に欠かせない供物とされてきたようだ。

平安、鎌倉時代の記録によると、七夕に索餅を食べたのは、中国の故事にのっとり、この日に食べると疫病にかからないとされたからのようだ。また、17世紀の料理書『料理切万秘伝抄』は、そうめんが織女の機織りにかけた糸に見たてられているからだとしている。

食文化研究家の石毛直道氏は、索餅、そうめんと七夕の関係について、次のように述べている。「その年に収穫した小麦からつくった小麦粉の団子を七夕の日に食べる風習があることから考え、小麦の収穫儀礼として、小麦粉から造られた索餅、そうめんを食べる風習ができた」のではないかという。

現在のそうめんは、夏場の代表的食べ物であると同時に、中元贈答品として上位にランクされる人気商品である。その元をたどると、江戸時代中期から、民衆の間では、七夕にそうめんを贈る習慣が普及していたといわれる。そうめんは、もともと七夕行事と深い関係があったのである。

このことから、全国乾麺協同組合連合会では7月7日を「そうめんの日」と定め、全国の消費者にアピールし、消費拡大を図る意味で毎年、関連行事を催している（写真1—2、写真1—3）。

(4) そうめんの普及

室町時代には、そうめんについて索餅、索麺、素麺の3つの名称が使われ、とくに素麺という言葉がこの頃に普及したとみられる。

索餅に代わって、そうめんという名称が登場したことについて、先の石毛氏は、新しい製法が確立されたからだろうと推定している。すなわち、現在のように小麦粉と塩を原料として生地を練り、油を塗りながらめんを延ばしていく手延べである。

室町時代には、そうめん師という専門職人が早くも出現し、京都にはそうめん屋が存在したこと

織女祭

織部司
七月七日織女祭
五色薄絁各一尺。木綿八兩。紙廿張。米。酒。小麥各一斗。鹽一升。鰒。堅魚。脯各一斤。海藻二斤。土椀
十六口。加レ盤。坏十口。席二枚。食薦《スコモ》二枚。錢卅文。
右料物請二諸司一辨備。造二棚三基一。二基司家料。一基臨時所料。祭官一人。祭郎一人。供二事祭所一。祭郎先以二供神物一次第列二
棚上一。祭官稱二再拜一。祝詞訖亦稱二再拜一。次稱二禮畢一。

（小島高明氏より資料提供）

写真１－２　全国乾麺協同組合連合会による
「七夕・そうめんの日」PR イベントの一コマ

写真１－３　各産地でも７月７日の
イベントが盛んになってきている

が知られている。そうめんの製造がかなり高度の熟練を必要としていることから、専門職化し、商品の流通が行われていたとみられる。現在、そうめんの名産地として名高い三輪、播州などのめん造りは、この室町後期から江戸初期の時代に始められたようである（写真1―4）。

室町時代のそうめんの食べ方として、冷やしそうめんと蒸して食べる方法があった。冷やしそうめんは、水に浸けるやり方であり、蒸す方法は熱蒸《あつむし》、蒸麦《むしむぎ》などと呼ばれる温麺《おんめん》としての食べ方と同じで、みそ味の汁などが用いられたようだ。冷やしそうめんは、現在のそうめんに似た食べ方だが、この場合には切りめんが供され、手延べそうめんは熱蒸で食べたことが15世紀後半に一条兼良によって書かれた『尺素往来』に記録されている（図表1―3、図表1―4）。

奈良県三輪・大神神社で毎年2月5日に催され、その年の手延べそうめんの相場を占う

写真1－4 “卜定祭”

『慕帰絵詞』1351年より

図表１－３　台所で“そうめん”を盛る

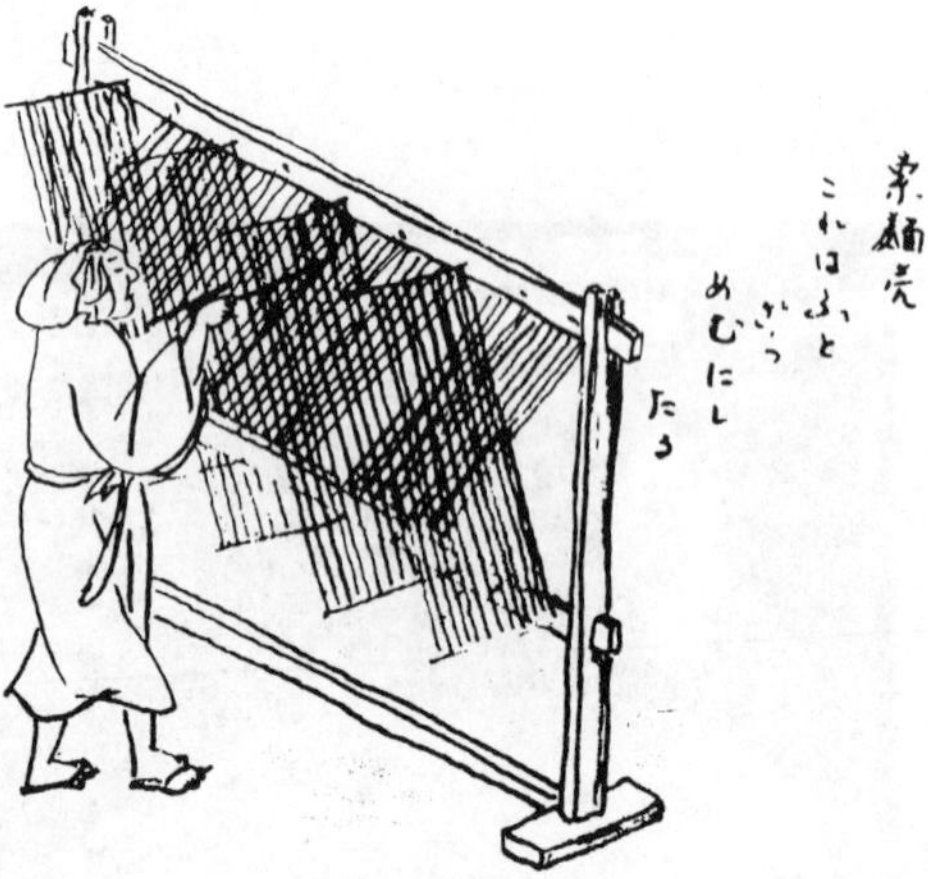

『七十一番職人歌合』より

図表１－４　“そうめん”作り

江戸初期には、夏は冷やしそうめん、冬は温麺（煮めん＝にゅうめん）という食べ方が確立されたようである。現在でもみそ汁に入れて温かくして食べるのをにゅうめん、温麺と呼んでいる。また、温麺を「うーめん」と読ませ、400年の歴史を誇っている白石温麺《しろいしうーめん》がある。

昔、宮廷では6月晦日と12月晦日との年2回、「大祓い」の神事が行われていた。6月30日を「夏越し」、12月31日を「年越し」と呼ぶ。その起源は古く、701年制定の『大宝律令』に定められている。夏越しの日を「6月祓い」「荒和《あらにご》の祓い」「夏越節供」「輪越祭り」等とも呼ぶ。夏越の祓いをするのは出雲系の神社で、京都上加茂神社・下鴨神社、大阪の住吉大社の夏越祓いなどが有名である。年越しの祓いは普及しなかったのに対し、夏越祓いは、6月は川祭りも多く行われ、疫病の流行期であって、広く民間の年中行事となってきた。1年を2つに分けた昔の考え方では、6月晦日は12月晦日に対応して、前の半年の最終日にあたる。大晦日が新年を迎えるための大切な日であったように、6月晦日も、神に年の前半の無事を感謝し、収穫までの後の半年の無事を祈るための物忌みの日、祓いの日と考えられたようである。

全国乾麺協同組合連合会では、6月30日の夏越しにそうめんを食べる「夏越しそうめん」のPRを平成26（2014）年から始めた。そこで、6月30日にかぎらず、7月7日の「そうめんの日」までを「夏越そうめん祭り」として、そうめんの普及拡大に努めている。

(5) うどんと切りめん

奈良時代に渡来した唐菓子に、索餅などととももに餛飩《こんとん》があった。この餛飩がうどんの源流だとする説が、天保時代の頃から通説となってきた。しかし、唐菓子として伝えられた飩は、ワンタンのようなものであり、うどんとは異なるものとされている。

鎌倉時代（1192〜1333年）には禅宗が広まったが、それにともない、点心、茶子などの寺院食が持ち込まれている。これらは、修行僧が朝夕2度の食事の間にとった軽食であったが、しだいに一般に普及した。

この点心のなかに、饅頭《まんじゅう》、索麺、棊子麺《きしめん》などとともに饂飩《うどん》がある。室町時代の日記類には「饂飩」、「うとん」の言葉が現れており、饂飩は当時すでに現在のうどんと同じ製法がとられていたことがわかっている。これが江戸時代のうどんへとつながった。すなわち、饂飩がうどんの源流であるとみられるのである。

先の石毛氏の『文化麺類学ことはじめ』によると、15世紀に切麺、切麦、切冷麺などの言葉がみられるところから、室町時代には切りめんが普及していたことが明らかである。今のようなうどんの形は、この切麦からだと考えられている。前述のように、小麦粉でつくっためんを麦といい、包丁で細く切ったものが切麦である。このことから、14世紀には手打ちうどんがあったとみられる。

一方、室町時代には、ひやむぎ、冷麦、冷麺の言葉が記録によく現れている。『尺素往来』にあるように、切りめんを冷やして食べるのをひやむぎと呼んでいたようであり、冷やしそうめんをひやむぎと呼んでいたとも考えられる。それが後に、細い切りめんのことをひやむぎと呼ぶようになった。

(6) ひらめんの普及

ひらめんの「きしめん」「ほうとう」などの起源もまた、はっきりしていない。

きしめんは漢字で「碁子麺」と書き、14世紀半ばの南北朝前期の書とされる『新撰類聚往来』などに、饂飩などとともにその名称がみられるが、これは現在の干しひらめんのことではなかったとされる。碁子は碁石のことで、平らにした生地を竹筒で打ち抜いて碁石の形にしたものをゆでて、きなこをかけて食べたとされる。

ほうとうは、漢字で飩と書くが、「はくたく」の音便が「ほうとう」である。6世紀半ば、中国山東省の豪族が編纂した書に『斉民要術《せいみんようじゅつ》』がある。これは、この地方の農業技術や食物や料理などを記述したものであるが、これに出てくる「餺飩《はくたく》」と山梨のほうとうなどと関係のあることを石毛氏は指摘している。

『斉民要術』には、飩の製法が次のように記されている。小麦粉を細かい絹ふるいにかけて、肉汁を加えてこねる。両手でもみながら、親指ほどの太さにして5㎝ほどの長さに切り、ひらがめに浸す。これをもみながら押し広げて、湯の中で煮る。

これをみるかぎりでは、今のほうとうと同じものではない。平安時代の『枕草子』などにもほうとうの名が出てくるが、その製法は現在のようなものかどうか明らかではない。

ほうとうは、山梨県の郷土料理として、とくにカボチャを入れたカボチャほうとうの名がよく知られている。定かではないが、戦国時代に武田信玄が高僧から教えられた「ほうとう」を野戦食として取り入れたことから普及したとする説が有力視されている。

一般にはあまり知られていないが、ほうとうには冷たくして食べる「おざら」もある。

また、大分のほうちょう汁も、戦国時代に、キリシタン大名大友宗麟が、飢饉のときに飢えをしのぐために考え出したとされる。小麦粉を団子のようにまるめてみそ汁に入れて食べる料理法で、「やせうま」とともに郷土食として定着した。

江戸時代初期の『東海道名所記』では、道中の有名なめん類を紹介しているが、そのひとつに三河の芋川のひもかわうどんを取り上げている。これは形がきしめんに似ているひらめんであり、芋川がなまって江戸で「ひもかわ」となったといわれる。

このようにして、うどんより幅広く切ったひらめんを造り、野菜類を入れたみそ汁で煮込む料理法が全国に広まったといわれる。

若い人向けのメニュー提案として、きしめんを半分に折ってゆで、ゆで終わったきしめん(約50g)にきな粉をかけ、黒みつをまぶして食す大分のやせうまの食べ方を普及しては、いかがなものか。

(7) そば切りの起源

そばは、植物のそばとめんのそばの両方を意味しているが、本来、めんのそばは「そば切り」と呼ばれていた。切麦などの言い方からすれば、切りそばとなるが、ゴロが悪いところから「そば切り」となったようだ。

作物としてのそばの歴史は古く、埼玉県岩槻市にある縄文遺跡からもその種子が発見されている。当初の食べ方は、脱穀したそばの実をおじやのように煮たり、飯のように炊いて「そば飯」「そば米」として、粒食したりするのが主流であった。

その後、石臼が普及するようになってそば粉が造られ、「そばがき（そば練り）」「そば餅」「そば団子」などの食べ方が普及した。

そばのめんである「そば切り」の起源はあまり明確ではない。日本でそば切りが造られるようになったのは、切りめんの技術があったからとみられる。だが、そば切りは日本独自のものではなく、中国にも古くからあったようで、12世紀半ばの書『東京夢華録』には、そばめんのことが記されている。しかし、そば切りはほかのめん類とは異なり、中国からは伝えられた形跡はない。

そば切りが日本で記録として最初に登場するのは、17世紀初めの慶長年間の文献『慈性日記』とされてきた。その後、そば切り誕生の地と目されている信州において、16世紀後半の臨済宗の寺の文書にその記述が発見されている。いずれにしても、そば切りがそれ以前からあったことだけは確かである。

(8) そばのつなぎ

江戸中期にはそば切りが一般に普及したとみられ、幕末には今のようにそばめんを単に「そば」というようになったようだ。

そば切りが普及するようになったのは、寛永年間（1624～44年）につなぎとして小麦粉を使用する手法が朝鮮僧・元珍によってもたらされてからのことであるとされる。それまでは、つなぎなしの生そばが主流で、めんに加工するのが難しかったため、前述のように餅や団子などとして食されることが多かったわけである。

寛永20年に出された日本最初の料理書といわれている『料理物語』に、そば切りの製法や料理法がくわしく紹介されている。しかし、そのなかにはつなぎのことが書かれていない。ちなみに、麺類研究家の新島繁氏は、つなぎを使ってそばが造られるようになったのは18世紀初頭の元禄末期か、享保年間のことだとしている。

つなぎを使わないそばは煮崩れしやすいので蒸していたが、つなぎを使うようになった頃から、蒸したそば切りが姿を消しているという。しかし、仄聞するところによると、近年、100%そばの製法において蒸す工程が行われているようだ。なお、もりそば、ざるそばなどがせいろに盛って出されるのは、蒸した頃の名残だろうという見方がある。

前述の『料理物語』では、そば切りの製法、料理法を次のように記述している。「飯の取湯にてこね候よし。又ぬるま湯にても、又豆腐をすり、水にてこね申す事もあり。玉を小さくしてよし。茹でて湯少なきは悪しく候。煮て候てからいがきにてすくい、ぬるま湯の中にいれ、さらりと洗い、さていがきに入れ、煮元湯をかけ、蓋をして冷めぬように、又水気なきようにして出してよし。汁はうどん同前。そのうえ大根の汁加えてよし。はな鰹、おろしあさつきの類。又からし、わさび加えてよし。」

(9) めん造りの普及

日本において、めん造りが一般的になったのは、農家の必需品として石臼が普及した江戸中期からのようである。

めんが普及するには、原料である小麦粉やそば粉を造るための製粉手段が必要だったわけである。古代に手回しの石臼があり、平安時代には水車製粉が行われていたが、一般的ではなかった。したがって、それまではめん類も一般的な民衆とは縁のない、宮中など上流社会の食べ物にすぎなかったのである。

農家に石臼が普及することで、民衆の食生活が大きく変化したことがうかがえる。米麦ほか雑穀などを製粉して、饅頭、団子やめん類などの食物を造ることができるようになり、さまざまな行事と関連づけてこれらのご馳走を食べる風習が定着するようになった。

とくに、田植えを前にした7月頃になると、各農家は収穫したばかりの小麦を製粉してうどんを造り、その年の米の豊作を祈願する習慣ができあがった。

この風習に基づいて、うどんの産地の香川県は、7月2日を「うどんの日」と定め、消費拡大を目的にPR活動を展開している。

⑽ うどん・そばの商売

江戸初期には東海道をはじめ、街道筋の茶屋などでめん類を食べさせるようになった。当時のメニューは、うどんやそうめんが中心であったようだ。やがてめん類を専門とする店も現れるが、そば切りを食べさせる店でも「うどん・そば切り」とうどんが先に書かれていた。貞享年間には屋台でうどんの夜売りが行われていたことが御触書に記されている。

17世紀の寛文年間の頃には、「けんどんそば切り」「けんどんうどん」の店が現れ、一般化した（図表1―5）。「けんどん」は掛け値なく、盛りきりで、サービスもしないという意味である。しかし、これも江戸中期には姿を消している。

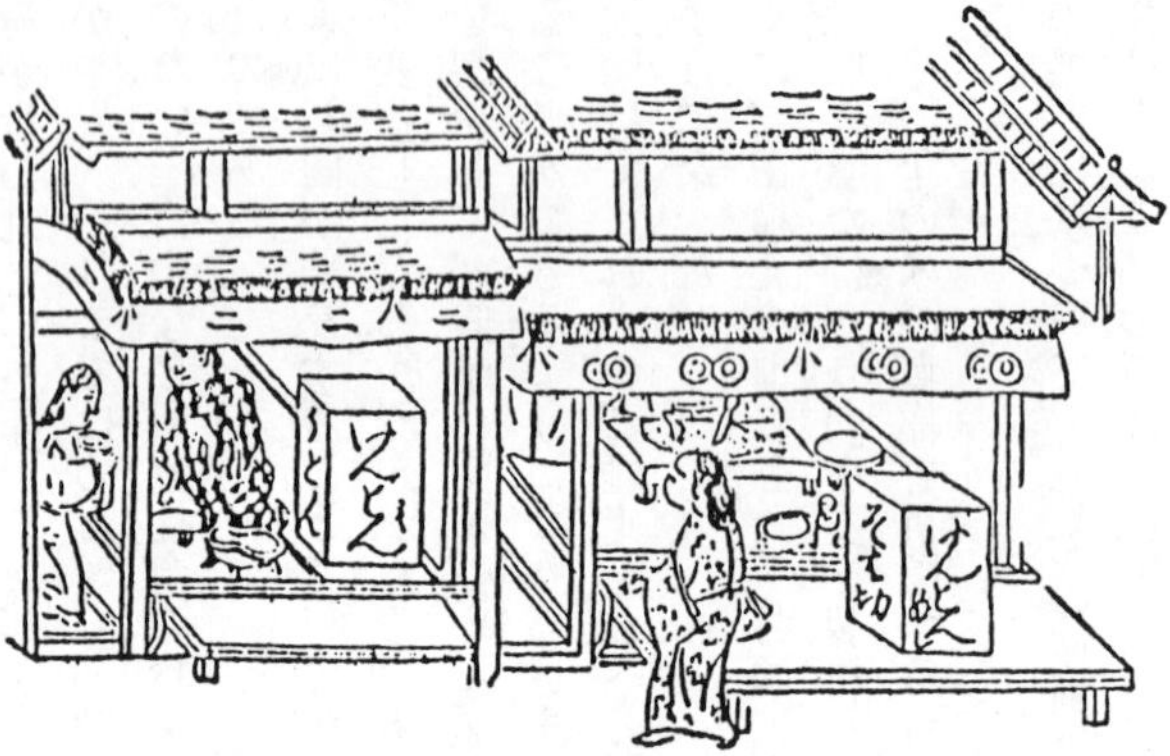

『日本食物史』笹川臨風・桜井秀より

図表１－５　延宝年間の「けんどん屋」

『守貞漫稿』より

図表１－６　「風鈴そば」

享保年間（1716〜36年）には「二八そば」が登場し、安永年間（1772〜82年）には、夜鷹《よたか》そばといわれるそばの夜売りが栄えた。

江戸の夜鷹そばに対して、同じ頃上方では夜なきうどんが登場している。江戸のそば、上方のうどんとして、めん類の好みがはっきりしたのもこの頃からのようである。

そばは、こうして江戸の庶民生活に欠かせない食べ物として根を下ろし、文化・文政（1804〜30年）頃には、江戸の生活に密着した存在となった（図表1－6）。一方、江戸時代になっても、乾めんの主流はそうめんであった。

明治時代になると、東京では鍋焼きうどん、大阪できつねうどんが登場して、一般の食生活に定着した。

⑾ 機械製めんの普及

明治時代になると、製めんの機械化がはじまった。最初の製めん機は、佐賀県の真崎照郷が開発したものである。小麦粉の生地をロールの間に通して薄く延ばし、細く切断してめんを造るものであった。これが製めん機の原型となり、その後、多くの改良が加えられているが、基本的な仕組みは変わっていない。

しかし、当初の製めん機は、価格が高く、はずみ車を使った手回し式で、動かすのにかなりの重労働を必要としたため、普及に時間がかかった。この機械の導入が一般化してくるのは大正時代に入ってからのことで、さらに全国的に普及するのは昭和に入り、モーターが利用できるようになってからである。

混合機（ミキサー）も明治35（1902）年には

開発されているが、なかなか実用化されなかった。戦前でも、手打ち造り以外の店では、生地は手でこね、切断は機械で行うところが多かった。ミキサーが本格的に普及したのは戦後のことである。同様に、機械乾燥による乾めんの製造が本格的に普及するのも戦後である。

2 めん類の言葉の由来

(1) めん(麺)

めんは「麪」が正字であり、「麺」は俗字である。中国語の「麺(ミエン)」は小麦粉を意味し、後に広義で穀物の粉を指すようになった。宋代になると、麺がめん類を表すようになったようだ。

(2) うどん

奈良時代に中国からもたらされた唐菓子の一種に、混沌《こんとん》があった。これは、小麦粉の皮で肉などのあんを包んだ丸いワンタンのようなもので、丸い端のない形から「こんとん」と呼ばれた。

これが食べ物であることから、混沌が食へんの飩と書かれるようになり、さらに熱く煮て食べるところから温飩《おんとん》となり、それが饂飩に転訛し、室町時代にはうどんになったとされる。15世紀の日記類には、「饂飩」、「うとん」という言葉が現れる。江戸時代には、うどんとともに、「うんどん」という呼び名が用いられていたという。

(3) そうめん

奈良時代に中国から渡来した唐菓子の一種「索餅《さくへい》」または「索麺《さくめん》」がその起源である。「そうめん」は、「索麺」の音便で、「素麺」は当て字である。

「索」は縄・綱を表し、索麺とは縄のようなめんという意味である。

素麺は、文字の意味からすると白いめんである。しかし、そうめんがうどんなどと比べてとくに白いわけでもなかったので、索を素と書き誤ったか、「さくめん」が「そうめん」と転訛したので、それにふさわしい素の文字が使われるようになったのではないか、とする見方がある。

また、禅寺で精進料理として食べられたところから、素麺の名が当てられたとする説もある。

(4) ひやむぎ

室町時代に、小麦粉を練って延ばして、包丁で細く切っためん類を「切麦」と称した。この切麦をゆでて熱いうちにせいろに盛って食べたのが熱麦《あつむぎ》、ゆでたものを洗って冷やして食べたものを冷麦《ひやむぎ》といった。

したがって、冷やしそうめんのことも、ひやむぎといった可能性もある。

(5) きしめん、ひもかわ

きしめんは「棊子麺」と書くが、棊子は碁石のことである。すなわち、当初は碁石のような形をしていた。

名称の由来には、次のようなものがよく知られている。

江戸初期に、徳川家康が第9子義直のために名古屋城の築城を加藤清正らに命じた。この折、ひらうどんにキジ肉を入れて夜食に出し、これを「きじめん」と称したのが「きしめん」に転じたというもの。

２つ目は、徳川御三家の紀州侯が製法を伝えたこと、あるいは名古屋で好んで賞味したところから「紀州めん」の名がつき、それが「きしめん」に転訛したこと。

ひもかわは、三河の芋川の名物・ひらうどん、すなわち芋川うどんが江戸では「ひもかわうどん」となまって呼ばれたといわれる。

(6) そば

そば（蕎麦）は、植物のそばとめんのそばの両方を意味しているが、そばめんは本来、「そば切り」と称していた。すなわち、そば粉をこねて生地を延ばし、包丁で細く切っためんを意味した。江戸末期になって、そば切りを単に「そば」と呼ぶようになったようである。

一方、植物の「蕎麦」も、当初は「そばむぎ」と読まれていたとされる。「蕎」だけでそばと読むが、そばの実を表す意味で麦の実にまねて「そばむぎ」としたという説がある。

10世紀の延喜時代の『本草和名』に「曽波牟岐」の名がみられる。そばむぎと呼ばれたのは、そばの実は、尖った角を意味する稜《そば》が３つある、尖った形をしていたからである。そのことから「角麦《かくばく》」、「稜麦《りょうばく》」の字も当てられている。

「曽波」は、ものの端を意味する傍《かたわら》・側《そば》という言葉にも通じる。「牟」は大麦を意味し、「牟岐」は大麦・小麦の総称である。

(7) もりそばとかけそば（番外）

そば切りは、最初、汁をつけて食べていたが、いち
元禄（１６８８〜１７０４年）頃になると、

いち汁をつけるのがめんどうなことから、汁をかけて食べる「ぶっかけそば」が登場した。

これが寛永（1789〜1801年）になって、「ぶっかけ」と呼ぶようになり、さらに「かけ」となった。

そして、この「かけ」ともとの汁をつけて食べるそばを区別する必要があったところから、「もり」という呼び名が生まれた。

また、「ざるそば」は、せいろや皿ではなく、竹のざるに盛って出したところから、その名がついた。もともと、「もり」と「ざる」は、汁やそばの品質にも違いがあった。「もり」にのりをかけて出すようになったのは、明治以後である。

ついでに「もり」「ざる」にこだわることとして、薬味にこだわりたい。薬味はそばの味をいっそう引き立て、食欲を刺激し、消化を助ける。

わさび：根わさび（すりおろしが最適）。

刻みねぎ：関東以北は根深の白いねぎ。関西以南は青いねぎ。

大根おろし：大根をおろしたものか、しぼった汁にとろろ。密かに辛い大根として、からみ大根とかねずみ大根と呼ばれる極上に辛い大根もある。

七味唐辛子：唐辛子は好みによって一味、七味がある。

紅葉おろし：大根に唐辛子を差し込むか、挟んでおろしたもの。

(8) 二八そば（番外）

二八とはそば粉8割、小麦粉（つなぎ）2割の配合割合でそばを打つことで、二八はそば粉と小麦粉の比率である。一説には2×8＋6文といった値段の説があるが、二八そばのことをいったのではない。

二八の言葉が現れたのは、江戸時代の享保年間の頃といわれている。二八の逆の「逆二八そば」もあったようだが、こちらはダメなそばを表した言葉で、そば粉に比べてつなぎの小麦粉が多いそばをいったようだ。

そば粉8割、小麦粉2割の配合割合で、手打ちそばを試してみた。そば粉と小麦粉をふるいに通してミックス。次に加水。加水は温度湿度で量を調整するが、いかにミックス粉へ均等に水を含ませるかによって、最終製品の良し悪しにかかわる重要な工程だ。水回しという。次にこね。こねは陶器に製造で行う要領と同じで、菊練り。次に延ばし。めん棒を使い均等に延ばす。江戸流は四角に、戸隠は丸く。この延ばしの厚さによってめん線の太さが決まる。

手打ちの上達は、回数をこなすことだと思う。手打ちそばを試して、腕もさることながら美味しさは、粉次第であることを知った。機械製であれ、手打ちであれ、美味しさは、粉次第といえるようだ。

手打ちそばを趣味として始められる人が多くなってきていると聞くので、手打ちそばの素人経験での手順を、参考までに示す。

用意する材料は、500g（そば粉80%、中力小麦粉20%）、水約220cc。

〔手打ちそばの手順〕

1）水回し：加水1回目（2分の1程度）、加水2回目（残り2分の1程度）、加水3回目（調整しながら加水）

2）くくり：粉粒を徐々にまとめる。
3）練りこみ：70回程度練りこむと艶が出てくる。100回以上練りこむ。
4）菊練り：中心に織り込むように練ることを菊練りという。
5）へそ出し：生地のしわをなくす。鉢の曲面を利用。
6）円錐形：へそ出し後、転がしながら空気を抜き円錐形にまとめる。円錐形の頂点を押圧し円盤形にする。
7）のし：熱さ1㎝程度に厚さを揃える。
8）丸出し：めん棒を使用して、少しづつ回転させながら厚みを平均化する。
9）角だし：前後左右4方向からめん棒でころがし、生地を四角にする。
10）本のし：めん棒で薄く均一に延ばす。生地の乾きに注意。
11）たたみ：薄く均一に延ばした生地を切るためにたたむ。
12）包丁：駒板をのせ、押し出すように切る。二八そばのできあがり。詳しくは、「第4章、めんの製法」の「1 手造りめん」を参照されたい。

第２章

乾めんの概要

1　乾めんの分類

めん類の製造は現在、かなり機械化が進んでいるが、本来、すべて手造りされていたものである。その製法には手打ち式と手延べ式とがあり、手造りでは昔からの手法が受け継がれているが、機械製造も基本的には同じ工程を踏まえたものである。

手打ち式は、ごく簡単にいうと、小麦粉に水を加えて練った生地をまるめ、棒を用いて多方向に薄い平板状に延ばしたものを、包丁で細く切ってめん線にするやり方である。手延べ式では、こねた生地をある程度厚さを持った円板状に延ばし、渦巻き状に包丁を入れて長い帯状にしたもの（めん帯）を一方向に手で順次引き延ばし、作業ごとに熟成を繰り返しながら細いめん線にする（写真2―1）。

このほかに、広い意味でマカロニ・スパゲティ、冷めん、はるさめ（春雨）などを乾めんに含めている場合もあるが、これらは、練った生地に高圧をかけて小さな穴から押し出してめん線にする、圧出方式で製造されている。本書では一般的な分類に基づいて、前記の２つの製法に関連した乾めんについて述べていくことにする。

「乾めん」とは、先のような製法で作ったうどん、そばなどの生めんを乾燥させ、常温で長期保存ができるようにしたものの総称である。日本農林規格（ＪＡＳ）と品質表示基準では、製めん法の違いから、「乾めん」を「乾めん類」と

写真２－１ 機械めん（乾めん類）の基本となる手打ち作業

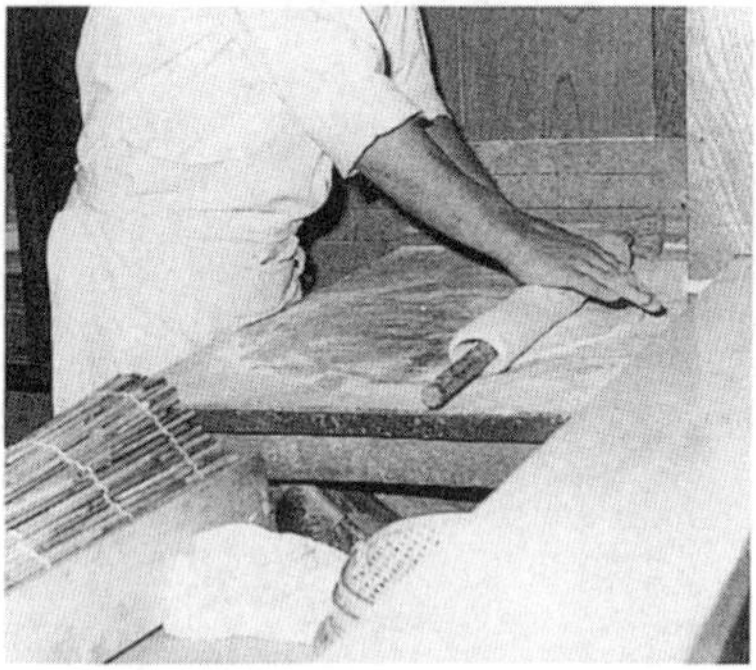

① 生地の向きを変えながら

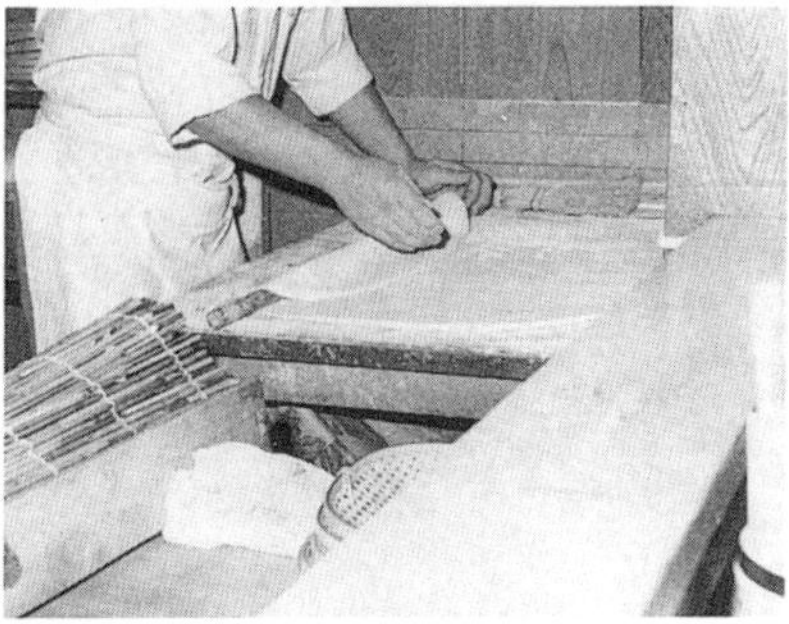

② 円形のものを四角状にのばしていく

③ 小さい四角形から大きい四角形へ

④　包丁切り

⑤　打ち粉を十分にふりかけてから切る

⑥　めんをさばいてゆでる

「手延べ干しめん」の2つに分類している。ちなみに、日本農林規格（JAS）と品質表示基準との違いは、JASには品質規格が明示されているが、品質表示基準にはそれがないことである（参考資料＝「乾めん類」および「手延べ干しめん」の日本農林規格を参照）。

(1) 乾めん類

JASの定義に基づくと、「乾めん類」とは、「小麦粉、そば粉又は小麦粉若しくはそば粉に大麦粉、米粉、卵などを加えたものに食塩、水等を加えて練り合わせた後、製めんし、乾燥したもの」で、「手延べ干しめん」を含む乾めんの総称とされている。

この製法には、手打ち式、手延べ式と機械製造がある。しかし、純然たる手打ちめんは、生めんをただちにゆでてその場で食べるか、ゆでめんとして出荷することになり、乾めんになることはほとんどない。すなわち、現在、この方式による乾めんは実質的にすべて手延べ式か機械製造である。

「乾めん類」は、JASでは図表2—1のように、「干しそば」「干しうどん」「干しひらめん」「ひやむぎ」「そうめん」の5種類に細分される。

大ざっぱにいうと、「干しそば」はそば粉を使用しているが、そばを除く「干しうどん」「干しひらめん」「ひやむぎ」「そうめん」の4種類は、図表2—2に示すように、めんの太さや形状の違いによる分類と考えてよい。

第1章で述べたように室町時代の切麦がうどんの起源といわれている。切麦を冷やして洗って食べるのをひやむぎ（冷麦）といったが、冷やしそうめん（手延べめん）を冷水で洗って食べたものをひやむぎといったという説もあり、JASに決

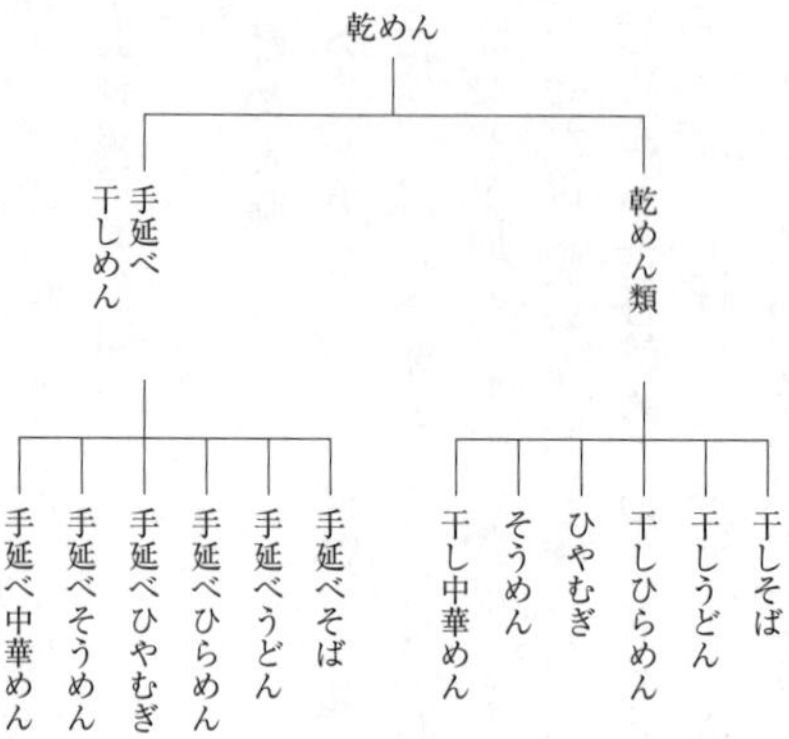

※干しそば、干し中華めんには、太さ、形状の違いはない。
※半生めん（または半乾燥めん）は、乾燥し、製めんしためんであって、乾燥後、蒸気等で加湿しためんは、乾めん類・手延べ干しめんの範疇ではない。乾めん類・手延べ干しめんで半生めん、または半乾燥めんと表示できるとして、全国乾麺協同組合連合会表示等ガイドラインで「乾めん類の定義に基づいて製めんされ、水分含有量が20%から28%程度のもの」とするとしている。

図表２－１　乾めんの分類

［乾めん類］
干しうどん　長径1.7㎜
干しひらめん　幅4.5㎜以上、厚さ2.0㎜未満
ひやむぎ　長径1.3㎜～1.7㎜
そうめん　長径1.3㎜未満
［手延べ干しめん］
手延べそうめん　長径1.7㎜未満
手延べひやむぎ　長径1.7㎜未満
手延べうどん　長径1.7㎜以上の丸棒状

図表２－２
乾めんの太さ、形状の違い

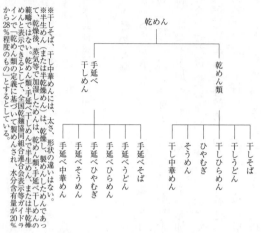

められているような明確な区別があったわけではない。また、きしめん（ひらめん）は平打ちしたうどんのことで、全く形状の違いにすぎない。
ひやむぎとそうめんは、本来、製法の違いがあった。ひやむぎは手打ち式の切麦からきているが、そうめんは手延べ式で造られていた。しかし、手延

べそうめんを除くと、機械で製めんされるようになってからは、単に太さの違いにすぎなくなった。

図表2―2に、JASで決められている、めんの太さ、形状の違いによる分類を示す。ただし、製造業者は、太さを番手で呼ぶことが多い。

農林水産省の生産統計では、さらに乾燥ラーメン（かん水を使用）である「干し中華めん」を加え、「乾めん類」と総称している。

(2) 手延べ干しめん

「手延べ干しめん」は、乾めん類品質表示基準の定義で「食用植物油、でん粉又は小麦粉を塗付してよりをかけながら順次引き延ばして丸棒状又は帯状のめんに製めんし、乾燥したものであって、製めんの工程において熟成が行われたものであり、かつ、小引き工程（かけば工程（よりをかけ、交ささせつつめん線を平行程《かん》にかけることをいう。）を経ためん線を引き延ばすことをいう。）又は門干し工程（乾燥用ハタを使用してめん線を引き延ばしてめんとし、乾燥することをいう。）においての引き延ばす行為を手作業により行ったものをいう。」とされている。乾めん類との大きな違いは、生地をしだいに引き延ばしてめんとし、工程ごとに熟成を繰り返し行うことである。

「手延べ干しめん」は、手延べ製めん方式で作られた乾めんの総称である。手延べ干しめんは、本来、文字どおり人手によって行われてきたが、手延べ業界を取り巻く環境は、高齢化、若年層の後継者不足等があって、一部機械化が進み、量産化を図るものも散見されてきた。そこで手延べ干しめんの定義に手作業という文言が加えられ、それまで量産化を進めてきた機械化であれ、少量生産の手作業であれ、共に「手延べ干しめん」と呼ぶのは問題であるという声があったことについて、整理をした。

「手延べ干しめん」は、めんの太さの違い等によって「手延べそうめん」「手延べひやむぎ」「手延べうどん」「手延べきしめん」「手延べそば」「手延べ干し中華めん」の6つに分類される。手延べそば、手延べきしめんなどの商品は少なくない。

2 めんの種類と産地

(1) めんの地域性、季節性

わが国のめん類の産地は、歴史的にみると、かつて良質の原料小麦のとれた地域である。今では、小麦やそばなどめんの原料のほとんどを輸入品が占め、原料の違いによる製品の格差はあまりみられなくなったが、昔は各地で生産された小麦から粉をひいて作っていたので、産地でなければ味わうことのできない独特のものができたのである。しかも、その土地独自の製法が生まれたり、特産的な種々の副原料を加えて味覚や色などのバラエティー化が図られるなどして、めん類は、太さ、硬さ、色、風味など特色をもったものに発展し、今日のような数多くの地方色豊かな特産品へとつながっている。

こうした地域性に加えて、季節の変化に対応した消費傾向もめん類の特長である。つまり、めん類の消費は、季節と産地によって大きく変わってきたのである。

ひやむぎとそうめんは、典型的な夏場商品であるが、その地域的な傾向として、関東を中心として東北にかけた東日本一帯ではひやむぎ、反対にそうめんは関西以西の西日本地域に消費が集中している。

　これが冬季になると、うどん、ひらめんが好まれる。一方、そばは比較的年間を通して食べられてきた。

　ちなみに、関東一円では、夏はひやむぎ、春、秋はそば、うどん、冬はひもかわというのがめん食の習俗だったといわれる。

　めんの太さから地域の嗜好性をひやむぎ・そうめん以外のめんでみると、ほぼ中央に位置する愛知県を境に東西に分けられる。そばは信州、山形などを中心とした東日本地域で、うどんは西日本地域で多く食べられている。すなわち、かなり単純化すると、東は細いめん、西は太いめんが好まれてきた。その中間の愛知県ではきしめん（「ひもかわ」ともいわれる）が多い。

　以上はあくまでも傾向としてみた場合のことで、絶対的なものではない。たとえば、東日本にも稲庭うどんや上州うどんなどがあり、また、島根県の出雲そばや徳島県の祖谷《いや》そばのように、西日本地域にも歴史の古いそばがある。

(2) 乾めんの特徴と特産品

　乾めんには、各地の特産品となっているものが多い。図表2―3に全国の主な乾めんの名産品を紹介し、図表2―4に乾めん類の生産の多い上位県をあげる。

① うどん

　乾めんのうどん生産量の多い上位3県は、香川、茨城、群馬である。

　香川県は県民1人当たりのめん生産量が全国一の産地だが、「小豆島手延べそうめん（島の光）」

関東甲信越

・茨城県
常陸秋そば
・栃木県
島田うどん
・群馬県
上州うどん
おっ切り込みうどん
水沢うどん
・埼玉県
加須うどん
埼京うどん
・東京都
更科そば
藪そば
・神奈川県
箱根そば
・新潟県
十日町そば
へぎそば
・長野県
信州そば
戸隠そば
・山梨県
ほうとう

東　北

・青森県
りんごファイバー入りうどん
津軽そば
・秋田県
稲庭うどん
・岩手県
わんこそば
盛岡冷麺
・宮城県
白石温麺
・山形県
紅花そば
山形そば
天童そば
・福島県
裁そば
磐梯宝そば

北 海 道

乾燥らーめん
十勝そば
ちほくうどん
幌加内そば

東海北陸

・静岡県
茶そば
・富山県
大門素麺
氷見うどん
・愛知県
きしめん
あいゆうめん
・三重県
大矢知ひやむぎ

近　畿

・奈良県
三輪素麺
・兵庫県
播州そうめん
出石そば

中国・四国

・岡山県
鴨川うどん
・島根県
出雲そば
・香川県
讃岐うどん
小豆島そうめん
・徳島県
半田そうめん
祖谷そば

九州・沖縄

・福岡県
浮羽そうめん
・佐賀県
神崎そうめん
・長崎県
島原そうめん
五島うどん
・熊本県
南関そうめん
・沖縄県
沖縄そば

図表２－３　各地の代表的なめん

とともに「讃岐うどん」がとくに有名で、全国に知られている。歴史的に、めんに適した品質のよい小麦と塩の生産地であったことが大きく関係している。めんの色は白く、その点でやや色のくすんだ上州うどんとは対照的である。

群馬県は、古くから比較的良質の小麦がとれ、太打ちの「上州うどん」、今日では「お切り込みうどん」としてよく知られているうどんの産地である。名産が榛名《はるな》山麓の水沢観音の門前に店が軒を並べる「水沢うどん」である。ただし、太い「上州うどん」「お切り込みうどん」を正統派とすると、これはやや細ぶりの異端である。

古くから伝わる技法で、練った生地をひと晩ねかせてから細く切り、めん線を竿に吊るして半日戸外で干す。できあがったうどんはやや透けてみえ、コシの強いのが特色である。これは生地の練

図表２－４　乾めん種類別上位都道府県と生産シェア

（単位：t）

	うどん	きしめん	ひやむぎ	そうめん	日本そば	干し中華	手延べ	合計
生産量	41.75	2.28	15.47	37.42	53.14	8.32	49.97	208.35
第１位	香川県 30.1%	愛知県 29.1%	香川県 14.4%	香川県 15.9%	長野県 37.2%	北海道 61.1%	兵庫県 44.8%	兵庫県 16.6%
第２位	茨城県 9.1%	茨城県 14.3%	兵庫県 9.7%	兵庫県 14.9%	山形県 9.9%	岡山県 7.4%	長崎県 29.3%	香川県 11.6%
第３位	群馬県 7.5%	群馬県 9.1%	茨城県 8.7%	宮城県 9.5%	茨城県 7.8%	佐賀県 4.0%	奈良県 7.4%	長野県 10.3%
第４位	宮城県 4.4%	埼玉県 8.3%	宮城県 7.5%	愛知県 5.6%	兵庫県 7.3%	兵庫県 3.1%	香川県 5.9%	長野県 7.2%
第５位	山梨県 4.3%	山形県 6.0%	山形県 7.0%	北海道 5.1%	岩手県 5.1%	群馬県 3.1%	徳島県 5.4%	北海道 5.7%
上位１～５累計	55.4%	66.8%	47.3%	53.6%	67.3%	78.7%	97.3%	51.4%

注　：1．手延べめんはうどん、ひやむぎを含む。
　　　2．日本そばは、小麦粉使用ｔ数（そば粉を除く）。
　　　3．平成21年度の数字だが、以降比率は大きく変わっていない。

り方や当地の水質などによるものと考えられている。山菜を添えるのが一般的で、みぞれやゴマだれをつけることもある。

一方、茨城県はめんの生産量が多いにもかかわらず、残念ながらとくに名産品というものはない。県組合として、統一ブランドの開発等積極的な取組みが望まれる。

その他、名のあるうどんをあげると、秋田県の「稲庭うどん」がある。300年以上の歴史を誇り、昔ながらの純然たる手造り製法を受け継ぐ、唯一といえる乾めんうどんである。このうどんの特徴は、ゆで上がりが早く、煮くずれせず、乳白色のつるつるした光沢をもつことなどだが、価格が非常に高い。すべて手造りで、細かく切って製めんしたときに、一定の寸法のものだけを商品にし、規格外のものはすべて除外するので、製品歩留まりが30%程度と低い。価格が当然高くなる。

②ひらめん

ひらめん（干しひらめん）の主要な生産県は、茨城、愛知、群馬などである。関東では「ひもかわ」、山梨では「ほうとう」、名古屋では「きしめん」と呼ばれている。

前述のように、いずれも昔は小麦の産地で、原料に土地の小麦を使用したので、それぞれのめんに特徴があったが、今はほとんどがオーストラリア産なので、一般にはあまり差がない。ただし、食べ方にかなりの差がみられる。

山梨の「ほうとう」は、みそ仕立てや薄いしょうゆ仕立ての汁にカボチャなどの野菜を入れて煮込んだところへめんを入れる。カボチャを使ったものが「カボチャほうとう」である。

一方、名古屋の「きしめん」は、「みそ煮込みうどん」とともに中部地方を代表する名産である。めんをゆでて丼に盛り、汁をかけ、具を添えて食べるだけの簡単なものである。

③ひやむぎ

現在、ひやむぎの生産の多い都道府県は、香川県、愛知県、茨城県などである。前述のように、比較的東日本地域で食べられてきた。

ひやむぎも、かつては土地の小麦を原料に造られていたが、ほかのめん類に比べてこれといった特別な産地や製品が見当たらないのが特徴である。

あえて特徴を探すと、赤や緑など色のついた飾りめんが3～4本入っているところである。また、ひやむぎは角形をしており、そうめんが丸形なのに対して、ひめんの断面は、そうめんが丸形なのに対して、ひやむぎは角形をしており、両者を見分ける目安にもなっている。

食べ方にもあまり特徴がなく、ざる、冷水とおしなどが一般的である。東北では、冬場にひやむぎを細うどんに見立てて、温麦として食べる風習もある。

ひやむぎは、名古屋以北の地域でよく食べられるが、その理由はめんには好みの太さがあり、とくに関東ではそばの太さのものを好んで食べられてきたことに関連しているのではないかと思われる。

④そうめん

そうめんは、ひやむぎと対照的に、どちらかというと西日本一帯で食べられてきた。良質の小麦がとれ、製めん（とくに乾燥）に気候が適した限られた地方で、手延べそうめんを中心に冬季の農家の副業として作られていた。

生産量でみると、兵庫県が手延べそうめんで第1位、機械めんでは香川、兵庫、宮城の順となっている。手延べでは長崎、香川と続く。

兵庫は「揖保乃糸」の商標で知られる播州手延べそうめんの産地である。「揖保乃糸」は、文字どおり糸のように細く美しい姿が特徴である。

兵庫県一帯はそうめん造りに適した気候風土に恵まれ、播州平野の小麦、赤穂の塩、揖保川の水など原料にも恵まれ、さかのぼること約600年前から製造されていた。産地化は約200年前の文化年間から始まり、盛んになった。

香川県も小豆島手延べそうめんを中心に有数の産地である。その他、長崎の「島原手延べそうめん」、奈良の「三輪そうめん」、岡山の「備中そうめん」など名産品が数多くある。

兵庫県手延素麺協同組合では平成9(1997)年に「揖保乃糸そうめんの里資料館」をオープンした(写真2—2)。館内では、手延べそうめんの歴史、製めん工程、そうめん料理を提供する「庵」

「揖保乃糸そうめんの里資料館」：兵庫県龍野市内

写真2－2　手延べそうめんの情報発信基地

など、手延べそうめんにちなんだすべての情報発信基地として、多くの見学者で賑わっている。

⑤日本そば

日本そばにも名産地が数多くある。乾めん類の生産量からみると、長野、山形、兵庫、新潟などの各県が多い。

長野には信州そば、戸隠《とがくし》そばがある。信州はもともとそばの生産量は少なかったが、良質のものが多かった。そば粉を練るのに、同じ信州でも北信地区は水でこね、南信地区は湯こねが慣習となっていた。外殻が銀灰色のものは俗に「きじそば」と称して、逸品とされてきた。

戸隠そばは、霧下そばを使用した手打ちそばである。霧下そばは、山の裾野一帯の冷涼な土地にできる山そばの系統で、粘度が高く、つなぎが少なくても打てるのが特徴である。戸隠そばは、ふつう二八そば（小麦粉2対そば粉8の割合）である。余談ではあるが信州では、そばを「手打ち」、ボタ餅を「半殺し」と呼ぶそうである。

山形には、紅花そば、山形そば、天童そばなどがある。

⑥干し中華めん

干し中華めんは、北海道の生産量が群を抜いて多く、福岡、佐賀がこれに続く。製めん法には機械製と手延べ製がある。

北海道のラーメン造りは歴史が古い。とくにみそラーメンでは、昭和40年代に代表的な存在として「サッポロラーメン」がブームを呼び、全国に広まった。

九州ラーメンもよく知られている。北部の博多ラーメンと南部の鹿児島ラーメンが代表的だが、九州ラーメンは豚ガラからとったラード風味の強い独特のコクをもつスープに特徴がある。めんは細めで、硬く歯ごたえがある。

干し中華めんに近い存在として即席中華めんがあるが、干し中華めんは、一般的な即席めんとは異なりアルファ化していない。このことから、両者の料理法にも大きな違いがある。即席中華めんがゆで湯にスープの素を入れるだけで食べられるワンタッチ料理であるのに対して、干し中華めんは、ゆで湯は利用せずにつゆを作るツータッチ料理法である。したがって、干し中華めんは乾めん類に属するものである。近年は健康食、手作りなどの傾向が強まっていることから、干し中華めんは即席中華めんにない味わいが好まれ、人気を博している。

3 乾めんの生産と消費

(1) わが国の食生活の変化

乾めんの生産と消費の推移は、わが国の食生活パターンの変化と大きくかかわっている。すなわち、戦後、わが国の生活全体が急激に洋風化し、食生活においても食事の内容がかなり変化した。とくに驚異的な経済成長にともない所得水準が著しく向上するにつれ、食生活も豊かさを増して、高級化、多様化、グルメ志向が高まってきた。その結果、昭和50年代からはむしろ過剰栄養にともなう成人病の増加が問題とされるようになり、飽食の時代の到来を告げることになるわけである。

一方、女性の職場進出が急速に進展し、簡便性を特長とする種々の加工食品が開発され、外食産業が大きく伸びるなどの変化も起きている。めん類でいえば、即席めんの特筆すべき華々しい発展がもたらされたことが端的な例といえよう。ちなみに、インスタントラーメンやスナックめんなどの即席めんは全体で約32万tに達し、日本の伝統的加工食品であった乾めんを今や大幅に上回っている。

現代の時間に追われるビジネス優先の生活パターンが、食の面では乾めんなどの消費に大きく影響しているだろう。生活のテンポが速くなり、即席めんが3分でできることを訴求して成功し、また、スパゲティもゆで時間の短くてより細いものが好まれるようになった反面、うどんやひやむぎなどゆで時間の長いめんがしだいに敬遠されたことは十分に考えられる。

余談として乾めんのゆで時間であるが、乾めんメーカーは、乾めんのゆで時間短縮に英知を絞っているが、乾めんをゆでるということは、まず、1) 大きな鍋に水を入れ、沸騰させる。それから、2) 乾めんを入れてゆでる。1) +2) から乾めんをゆでる時間が長いといわれているのではないか。そこで、大きな鍋に温水器からのお湯を利用するといった情報を提供することも肝要かと思われる。

そうした一方、機械製造のそうめんが大幅に減少し、手延べ干しめんが大きく伸びてきた現象もうかがえる。天然・本物志向がしだいに高まり、自然でかつ高級感を抱かせる手造り食品が好まれるようになり、手延べ干しめんが伸びてきた。また、地方の特産品としての性格が強く、各生産地の普及活動に支えられ、特色のある贈答用として格好の商品にもなっていることも消費拡大へ寄与しているだろう。

とくに手延べそうめんは地方の名産が多く、デパートの中元贈答品中、ビールに次いで人気の高い商品として定着している。

(2) 国内の生産と消費

①生産と消費の動向

農林水産省の統計によると、乾めん類（機械めん）の総生産量は、昭和30年代の40万t台からしだいに減少し、昭和50年代半ばには26万t台へと低下、その後図表2―5のように、60年代にかけてやや持ち直したものの、平成に入っても漸減し、ここ数年21～23万tで推移している。

しかし、その内訳は大きく変わっている。「乾めん類」では、日本そばが4～5万tと健闘しているが、うどんやきしめんはやや減少傾向にある。とくに落ち込みの目立つのがひやむぎで、昭和40年代まで8万t台を維持していたのが、50年代に入ってから急激に減少、60年代あたりに一時的に回復を見せたものの、平成に入っても減少傾向に歯止めがかからず、現在では2万t割れにまで落ち込んでいる。また、そうめんもひやむぎと同じような減少傾向をたどってきたが、平成22（2010）年以降、もち直している。

平成10（1998）年早々の頃は、健康志向といった追い風が吹き、とくに干しそばの伸長が著しく、低価格贈答品が苦戦しているにもかかわらず、低迷に歯止めをかけた。

こうした乾めん類の総体的な落ち込みに対して、逆に50年代に入って大きく躍進してきたのが手延べ干しめんである。50年には2万t強にすぎなかったものが昭和60（1985）年は6万4000t程度まで増加した。平成10年代後

図表2－5 乾めんの品目別生産量推移

（単位: t）

年度	そば	うどん	きしめん	ひやむぎ	そうめん	手延べ	干し中華	合 計
昭和52	27,946	65,041	14,562	67,306	56,460	30,931	5,978	268,224
55	27,646	61,155	13,025	59,554	57,948	42,418	4,173	265,919
60	33,163	65,652	12,703	60,390	57,679	64,721	3,674	297,982
平成元年	33,868	62,996	11,338	44,961	41,111	66,503	6,595	267,342
2	35,210	62,108	10,288	45,015	48,471	65,943	6,701	273,736
3	34,582	61,152	9,953	43,724	49,132	72,221	6,299	277,063
4	35,657	62,017	11,809	38,270	44,179	75,604	7,081	274,617
5	36,872	66,039	8,353	33,689	39,225	74,692	7,704	266,574
6	42,410	62,172	7,426	40,333	48,957	73,713	7,568	282,579
7	39,392	57,833	6,676	35,286	43,241	78,740	6,563	267,731
8	38,758	58,623	6,230	31,842	40,248	76,761	6,791	259,253
9	39,164	55,163	7,224	29,583	39,723	72,438	5,827	249,122
10	43,310	53,422	5,093	27,242	40,846	76,005	5,621	251,539
11	44,453	51,730	5,184	27,225	40,153	67,691	5,611	242,047
12	42,815	50,206	5,126	25,834	39,619	65,330	6,143	235,073
13	42,269	47,869	5,063	26,099	41,543	70,007	5,660	238,510
14	43,654	45,653	4,116	22,552	37,145	67,830	5,423	226,373
15	44,028	49,397	3,926	20,953	38,778	66,763	6,651	230,496
16	45,153	48,779	3,421	21,123	41,496	61,555	6,900	228,427
17	41,253	45,761	3,050	18,658	41,728	62,785	7,023	220,258
18	37,718	44,925	2,786	17,918	42,196	50,594	7,127	203,264
19	37,697	43,062	2,632	17,380	38,710	51,897	7,759	199,137
20	51,138	44,079	2,806	18,024	39,842	52,271	9,061	217,221
21	48,965	41,753	2,275	15,470	37,419	53,142	8,319	207,343
22	51,641	43,653	2,737	16,353	42,130	52,811	8,636	217,961
23	44,584	43,488	3,420	17,724	50,263	53,758	9,207	222,444
24	42,552	37392	3,742	16,985	46,453	59,959	9,543	216,626
25	47,496	37,479	4,537	17,731	47,616	62,241	9,653	226,753
26	48,521	36,004	4,640	19,313	45,354	62,984	10,273	227,089

資料：農林水産省「米麦加工食品動態等調査」、（一社）食品需給研究センター

半には減少傾向にあるが、根強い成長を遂げている。この大きな成長に中心的役割を果たしたのは、手延べ干しめんのなかでもやはり手延べそうめんである（写真2―3）。その他、この数年は手延べひやむぎ、うどんも減少傾向にある。

② 乾めんの生産比率

乾めんの生産比率の推移をみると、昭和40（1965）年以降、その勢力地図は大きく塗り替えられている。40年代頃まで乾めん全体の半分近くを占めていたうどん類が、図表2―6、図表2―7のとおり急速にシェアを落とし、20％程度まで低下している。

その間、そうめん類が20数％から40％程度までシェアを伸ばしている。この伸びの中心は、もちろん手延べそうめんである。

利用しやすい簡便な加工食品が増えているなか

写真２－３　アウトドア食品として「そうめん流し」が村おこしで人気を博している。

で、めん類も調理時間の短い細いものが好まれる傾向が顕著にみられるわけである。近年、乾めんの生産量は、長期化している消費不況の影響もあってか、品目ごとの浮沈が顕著に表れている。

③ めん類の生産地域

めん類は全般に地方の名産が多いが、乾めんもかなり地方色豊かである。

図表2—7に乾めんの主要生産県を示すが、生産量全体では兵庫、香川、長野、長崎が上位を占め、そうめん類ではとくに西日本地域が上位を占めている。前述のように、生産全体に占めるうどん類のシェアが減少し、手延べ干しめんの比重が高まっていることが、こうした結果をもたらしている。すなわち、細いめんの志向が高まるにつれ、それを主力に生産している西日本地区のシェアが当然高まり、反対にうどん類の多い関東地域はシェア

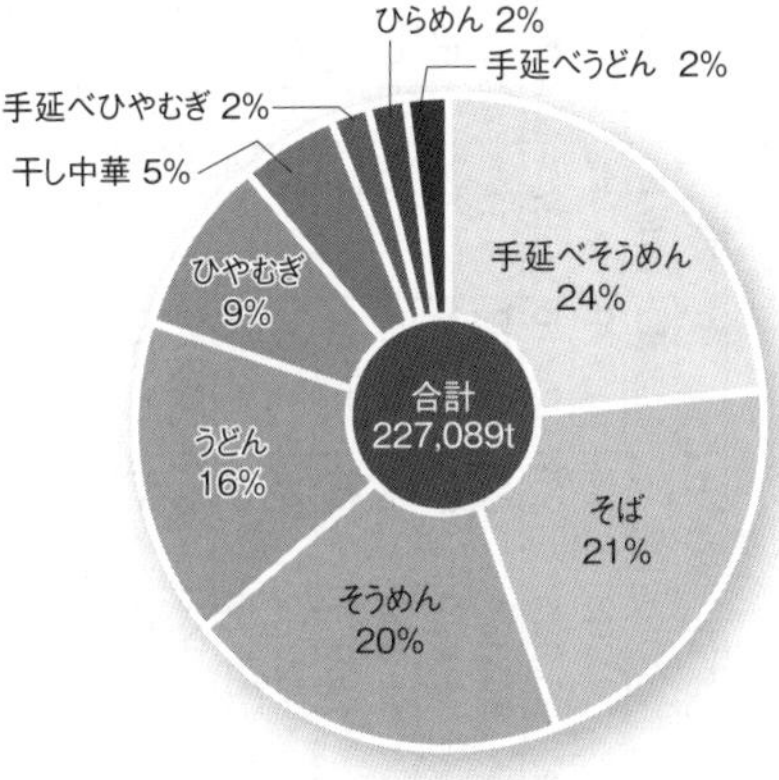

図表2-6　乾めん類品目別生産比（平成26年）

資料：（一社）食品需給研究センター

図表2-7　主要乾めん生産率内訳

（単位：t）

都道府県名	生産量	構成比	うどん		ひやむぎ		そうめん		日本そば		中華めん	
			生産量	構成比	生産量	構成比	生産量	構成比	生産量	構成比	生産量	構成比
兵庫県	34,668	17%	1,779	4%	3,709	20%	25,702	31%	3,219	6%	259	3%
香川県	25,985	12%	12,716	27%	4,043	22%	8,784	11%	442	1%	0	0%
長野県	21,334	10%	387	1%	391	2%	680	1%	19,875	40%	1	0%
長崎県	16,479	8%	1,131	2%	630	3%	14,626	18%	20	0%	72	1%
北海道	11,800	6%	1,917	4%	1,025	5%	1,899	2%	1,876	4%	5,083	61%
茨城県	10,931	5%	4,138	9%	1,347	7%	1,439	2%	3,901	8%	106	1%
山形県	8,922	4%	1,782	4%	1,092	6%	1,205	1%	4,679	9%	164	2%
宮城県	8,212	4%	1,960	4%	1,167	6%	3,695	4%	1,382	3%	8	0%
愛知県	6,441	3%	2,276	5%	1,098	6%	2,292	3%	761	2%	14	0%
福島県	5,524	3%	1,770	4%	736	4%	1,181	1%	1,827	4%	10	0%
合計	208,343	100%	47,886	22%	18,757	9%	83,416	40%	49,965	23%	8,319	4%

資料：農林水産省「米麦加工食品動態等調査」
注　：平成21年度の数字だが、以降比率は大きくは変わっていない。

が低下しているわけである。

④ めん類の消費地域

図表２―８は県庁所在地別、一世帯当たりのめん類年間支出金額である。合計金額上位は高松市、山形市、秋田市、相模原市、名古屋市である。乾うどん・そばでは高松市５４０２円、秋田市４９４６円、山形市４０２０円の順に多い。

(3) 輸入と輸出

乾めんの貿易量は、国内消費の規模からみるとわずかにすぎないが、輸出量の方が多い。輸入量は平成26（２０１４）年が３７９ｔである（図表２―９）。昭和時代、主たる輸入国となっていた韓国からオーストラリアに替わった。その理由は、オーストラリア（ババラット）に㈱はくばく（山梨県）が乾めん工場を建設したためである。商品

写真２－４　㈱はくばくの
オーストラリア乾めん工場の全景

図表２－８　都市別１世帯当たりの支出金額

（単位：円）

	生うどん・そば	乾うどん・そば	スパゲティ	中華めん	カップめん	即席めん	その他めん
札幌市	3,123	2,904	1,233	3,552	3,414	2,019	837
青森市	2,558	2,184	892	4,748	4,906	2,107	617
盛岡市	3,235	3,276	1,330	5,418	3,836	1,512	759
仙台市	2,584	3,175	1,315	4,356	4,454	1,999	958
秋田市	3,059	4,946	933	4,414	4,082	2,033	521
山形市	4,365	4,020	1,142	5,082	4,544	1,773	734
福島市	2,739	2,962	1,101	3,900	4,339	1,886	748
水戸市	2,833	2,046	1,115	3,536	3,132	1,371	668
宇都宮市	3,411	3,313	1,234	4,248	4,057	1,731	690
前橋市	3,890	2,097	1,146	3,910	3,274	1,437	425
さいたま市	3,983	2,294	1,421	4,671	3,208	1,623	924
千葉市	2,925	1,414	1,283	3,876	3,195	1,648	823
東京都区内	3,202	2,552	1,472	4,319	2,843	1,579	1,074
横浜市	3,107	2,767	1,383	4,365	3,176	1,635	1,114
川崎市	2,718	2,950	1,140	3,919	3,474	2,003	1,065
相模原市	3,616	3,526	1,353	4,442	3,539	2,265	987
新潟市	2,645	3,186	1,195	3,725	5,190	2,364	522
富山市	2,829	3,693	1,220	3,930	4,322	2,268	476
金沢市	3,201	2,864	1,094	3,978	3,736	2,215	616
福井市	3,908	2,525	1,212	3,703	2,805	1,620	317
甲府市	5,173	1,901	1,288	4,178	3,559	2,139	763
長野市	4,091	2,653	1,283	4,160	3,657	1,472	1,039
岐阜市	2,942	2,039	1,081	3,849	2,876	1,645	607
静岡市	3,114	2,476	1,235	4,599	2,650	1,622	919
浜松市	3,186	1,950	1,324	3,869	3,325	1,623	587
名古屋市	4,352	2,830	1,185	4,788	3,455	2,127	739
津市	3,406	2,116	1,305	3,853	3,295	1,888	637
大津市	3,440	2,551	1,228	4,010	2,801	1,977	737
京都市	4,191	3,070	1,828	4,112	3,033	1,792	760
大阪市	3,743	1,902	1,154	4,128	3,661	2,094	524
堺市	4,509	2,350	992	3,590	3,625	2,025	488
神戸市	3,734	2,255	1,251	3,572	2,357	2,086	917
奈良市	3,453	2,494	1,043	3,059	3,003	1,995	764
和歌山市	3,293	2,190	848	3,159	3,015	1,979	551
鳥取市	3,007	2,050	1,101	2,902	3,502	2,907	403
松江市	3,358	2,564	1,252	3,562	3,192	2,444	356
岡山市	3,667	2,299	1,455	4,142	3,709	1,954	550
広島市	3,327	2,142	1,250	4,110	3,199	1,999	629
山口市	3,393	1,691	1,175	3,315	3,626	2,284	438
徳島市	3,523	2,256	1,125	2,958	3,762	2,380	430
高松市	7,017	5,402	1,036	3,151	2,829	1,806	482
松山市	3,901	2,024	1,242	3,394	3,368	1,930	494
高知市	3,561	2,684	1,086	3,245	3,587	2,596	372
北九州市	2,667	1,773	956	2,906	3,152	2,042	485
福岡市	2,772	1,837	1,245	3,879	3,233	1,995	637
佐賀市	2,518	2,560	958	2,793	3,246	2,050	364
長崎市	2,361	2,270	1,078	3,376	3,311	1,911	484
熊本市	1,965	1,355	1,279	2,864	3,618	2,251	530
大分市	2,381	2,213	1,243	3,054	2,955	2,051	523
宮崎市	2,726	1,797	1,056	3,012	3,108	2,019	291
鹿児島市	2,611	2,118	1,079	3,236	2,721	1,565	392
那覇市	1,346	1,706	923	4,321	2,635	1,580	168

資料：総務省統計局「家計調査」（平成 26 年 5 月～平成 27 年 4 月）
注　：農林漁家世帯を除く２人以上の世帯。

図表2－9　輸入実績の推移（うどん、そうめん、そば）

（単位：数量＝kg、金額＝千円）

国名		平成19年	20年	21年	22年	23年	24年	25年	26年
オーストラリア	数量	1,094,087	678,139	452,495	315,787	236,874	88,031	137,581	263,622
	金額	327,519	241,236	117,473	103,142	84,344	32,753	62,862	112,382
中華人民共和国	数量	681,197	197,065	175,274	165,146	102,884	131,420	113,962	113,814
	金額	98,295	36,297	32,252	26,926	16,731	24,641	26,700	27,903
大韓民国	数量		6,280	60,020	3,140				
	金額		3,287	5,555	1,435				
台湾	数量		1,584					1,020	1,218
	金額		1,126					212	1,063
バングラデシュ	数量			649					
	金額			244					
合　計	数量	1,775,284	883,068	688,438	484,073	339,758	219,451	252,563	378,654
	金額	425,814	281,946	155,524	131,503	101,075	57,394	89,774	141,348

資料：財務省「貿易統計」

図表2－10　輸出実績の推移（うどん、そうめん、そば）

（単位：数量＝kg、金額＝千円）

国名		平成19年	20年	21年	22年	23年	24年	25年	26年
アメリカ合衆国	数量	5,104,587	4,999,881	4,517,422	4,449,265	4,127,924	3,968,525	3,932,042	4,228,905
	金額	1,224,235	1,274,111	1,181,980	1,121,588	1,056,730	1,012,678	990,577	1,055,455
香港	数量	3,631,648	3,399,687	3,541,500	4,171,125	3,893,140	3,432,614	2,716,684	2,264,288
	金額	677,372	730,041	778,575	889,611	862,308	792,192	727,556	633,881
カナダ	数量	553,719	652,062	482,918	303,651	340,139	210,380	328,750	380,704
	金額	101,429	132,340	105,020	74,138	84,794	48,993	67,626	77,291
台湾	数量	537,817	515,418	504,467	340,318	376,453	412,262	500,857	763,346
	金額	163,234	160,194	143,215	112,198	119,179	130,426	169,735	267,292
シンガポール	数量	425,626	511,046	521,354	550,681	568,934	626,470	714,176	616,571
	金額	131,692	173,624	181,743	188,276	191,887	210,934	247,200	222,452
大韓民国	数量	332,524	288,266	269,077	316,385	274,341	178,899	119,861	135,842
	金額	121,691	87,816	77,881	99,607	77,835	64,263	46,853	61,107
オーストラリア	数量	312,721	269,059	420,266	429,863	602,858	595,230	508,233	578,922
	金額	53,979	48,543	75,556	79,522	105,900	106,357	90,889	114,060
その他	数量	1,661,897	1,881,657	1,689,694	1,932,193	1,543,787	1,385,250	1,603,602	2,023,790
	金額	514,881	620,954	580,802	649,605	506,821	464,712	563,261	741,149
合計	数量	12,560,539	12,517,076	11,946,698	12,493,481	11,727,576	10,809,630	10,424,205	10,992,368
	金額	2,988,513	3,227,623	3,124,772	3,214,545	3,005,454	2,830,555	2,903,697	3,172,687

資料：財務省「貿易統計」

の多くは有機小麦を使用した機械乾めんで、日本向けに生産された。日本では有機食品の人気が高く、採算性もよいことから輸入されているようだ。よって、韓国が首位の席を空け渡すことになった。

韓国内では小麦粉とそば粉とでん粉を原料にした圧出方式の朝鮮冷めんが主流だが、日本向けとして手延べそうめんを製造している。韓国、中国などでは祝いごとのようなときには、そうめんもよく食されているようである。

近年、韓国も所得が上昇、日本向けに生産していた手延べそうめんが国内需要の活発によって、国内消費に向けられるといった環境の変化もみられ、輸入がゼロとなった。また、日本向け手延べそうめんの生産拠点が賃金の安い中国へ移ったようだ。現在では輸入量1位はオーストラリア、2位は中国である。

一方、乾めんの輸出先は、米国、香港向けが圧倒的に多い（図表2―10）。

もともと米国、香港は中国系など東洋人の多い地域なので乾めんが輸出され、日本企業の海外撤退が活発になるにしたがい、日本食ブームにも乗って伸びているものと思われる。

米国は輸出品目としてはそばが中心となっており、うどん等白物は韓国等からの輸出に圧倒されているので少ないようだ。

4 乾めん産業

乾めんは歴史のある伝統的な加工食品であり、産業形態からすると、各地の特産品を製造する地場産業として発展してきた経緯があり、小規模生産工場が数多く存在する。

手延べそうめん類の一部では、昔ながらの家内工業として手造りが行われているが、それでも乾めん全体としてかなり機械化が進んでいる。

製めんの機械化は、手打ち方式によるものから始められた。生地をロールで圧延し、帯状の長いめん帯を切刃ロールで線状に切るのである。製めん機械は、明治16（1883）年に佐賀県の真崎照郷が実用化したのが最初といわれ、そこで基本的な構造が確立され、現在にいたっている。

⑴ 機械めん製造

人手による手延べから発展して、明治時代中期あたりから機械化が本格的に進み、機械による乾めん製造が全国に広まった。とくに戦中・戦後は、めん類が米飯の代用として主要な位置を占め、食糧統制のなかで原料確保に苦労しながらも、造ればば売れるというよき時代もあった。

乾めんは特産品としての性格から、周辺地域を消費の主対象としたものの単なる地場産業ではなく、早くから全国的に広域流通した食品ではあった。昭和30年代半ばから大型量販店が台頭し流通が大きな変革を遂げるにしたがって、乾めんも本格的に全国的な流通の必要性を迫られ、それまでの家業や生業といった小規模な生産形態から、ある程度の生産規模をもつメーカーへと近代化すべく変身を迫られた。その結果、50年代から有力企業の規模拡大が急速に進み、一方で零細業は転廃業を余儀なくされた。

しかし、産業構造として基本的に零細性を脱したわけではなく、現在でも多数の小規模業が主流であることが特徴となっている。

写真２－５　冬の風物詩、手延べそうめん作り

(2) 手延べめん製造

手延べそうめんは、寒い戸外でめんを延ばし、竿に吊るして乾燥させて造ってきたが、こうした一連の作業にはかなりの熟練を要し、しかもきつい労働であった（写真2—5）。このため若い世代がこうした作業を敬遠し、熟練職人がしだいに少なくなり、後継者や人手の不足が深刻な問題になるにつれて、この分野にもやむをえず機械化の波が押し寄せてきた。

手延べめんは、乾めんのなかではとくに順調に消費を伸ばしているだけに、今後、どのような形で機械化を図り、消費の拡大に対応していくかが大きな課題となっている。その反面、純然たる手造りのめんが少なくなっていくことで、「手延べ」という言葉の使用に疑問がもたれている面が生じていることは否定できない。

乾めん製造業は総じて零細だが、手延べそうめん製造業はさらに不安定要因の大きい零細規模が多い。乾めんの製造の1600工場のうち機械めん350工場を除いて、手延べめんは1250工場と推定される。

手延べめんの製造はもともと、農家の副業として行われたものであり、今日もその形態がほとんどを占めているが、消費の拡大にともない専業化の動きもみられる。

手延べめんの人気を反映して、産地は増える一方で、現在北海道から沖縄まで全国30都道府県で生産されている。

業界の推定（18kg換算）では、全国生産は、手延べそうめんが350万箱、手延べうどん、ひやむぎなどが63万箱である。手延べそうめん350万箱のうち、贈答用が150万箱とみられ、全体の40％以上を占めると推定されている。前述のように贈答用の比重が非常に大きいのが手延べそうめん市場の特徴である。

最近では、スーパーなど量販店にもたくさん並べられているが、なかでも人気が高くプライスリーダーにもなっている兵庫県の「揖保乃糸」をはじめ、島原産、小豆島産、三輪産などが全国の商品棚を飾っている。

しかし、バブル経営がはじけた後、消費不況が長びき、贈答品にかげりがみえてきている。贈答用を主力とした産地では、小袋売りへシフトしているところもでてきている。

(3) 乾めんの流通

乾めんの流通形態としては、現在もあまり多くの変化がみられない。図表2−11に示す農林水産

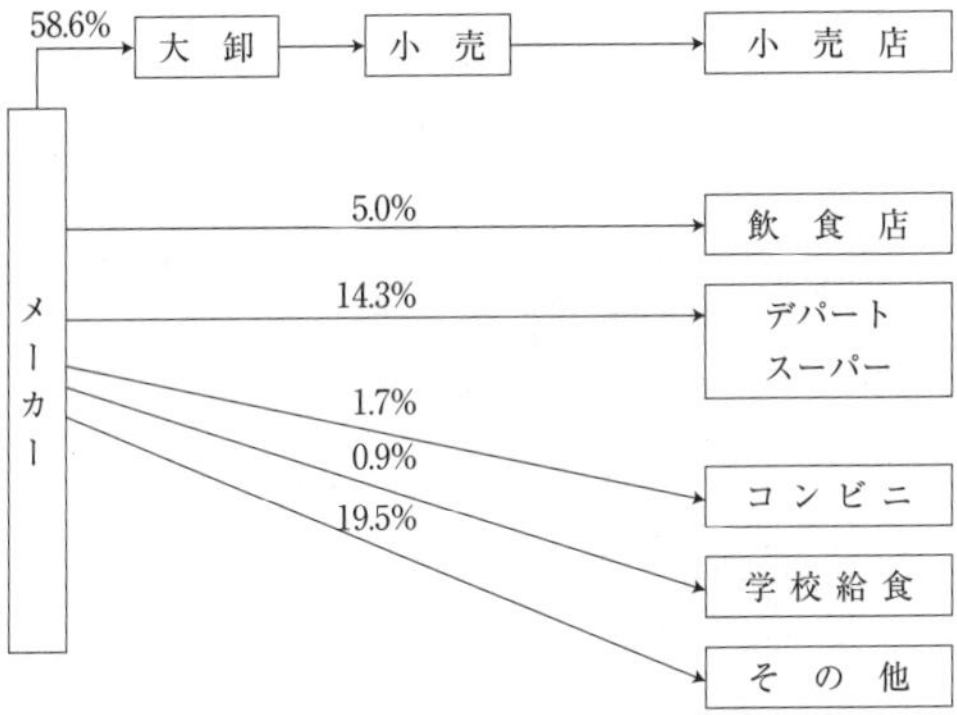

資料：農林水産省「米麦加工食品生産動態等調査」（平成14年）

図表2－11　乾めんの流通経路

省「小麦二次加工業実態調査」によると、小売店経由が全体の50％以上を占めている。ただし、このなかには全国展開しているスーパーなど量販店が含まれており、その比重が高くなっていると思われる（図中の「スーパー」は地方の独立系を指している）。

(4) 乾めんの経営

乾めん製造業の経営には、機械めんと手延べめんとでは異なった点が見受けられるが、いずれにしても肝心なことは「赤字か、黒字か」である。乾めん製造における損益分岐点を見るには、次の2つがある。

(A) 損益分岐点売上比率……実際の売上高からみた場合の損益の分かれ目のことで、％で表す。

(B) 損益分岐点売上げ……実際の売上高からみ

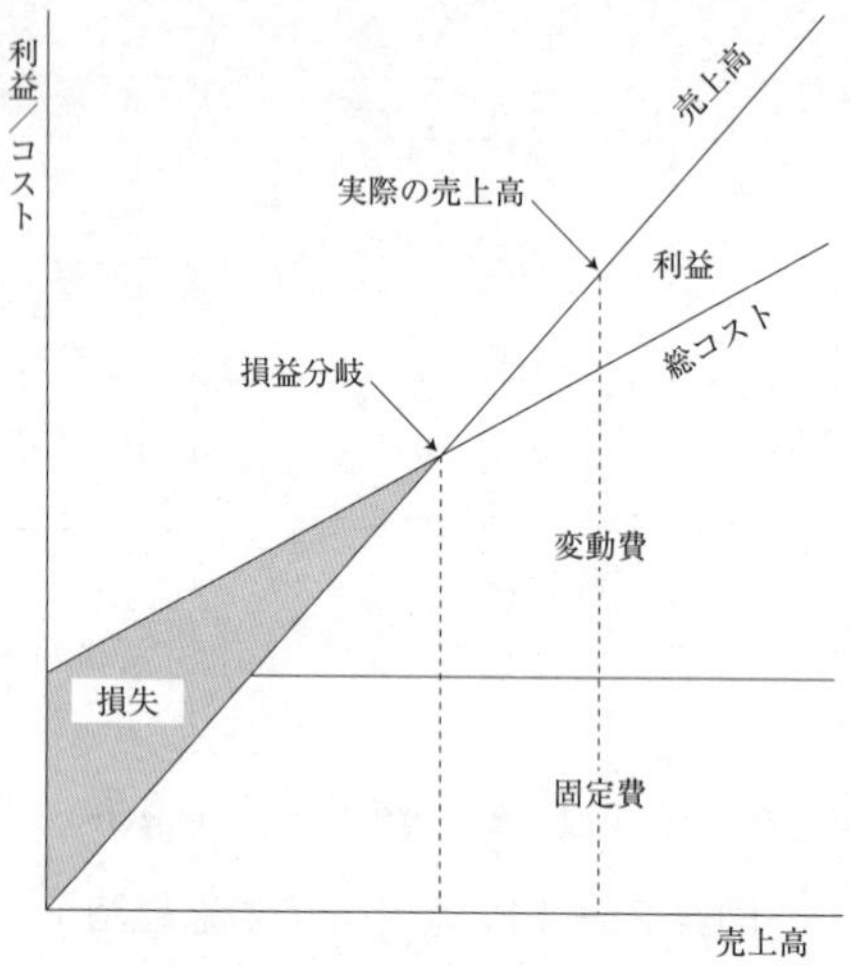

図表２－12　損益分岐点図表

た場合の損益の分かれ目のことで、金額ベースで表す。

損益分岐点を考えるには、1)売上高、2)固定費、3)変動費、4)利益が関連する。その関係を図表2―12に示す。

これからもわかるように、総コストと売上高が交叉する点が「損益分岐点」である。損益分岐点が低ければ、それだけ利益が大きくなる。こうした関係から損益分岐点を知り、利益の増減を把握することが、乾めん製造業者の経営体質の強化につながると思われる（次頁参照）。

（参考資料）

経　営　状　態　判　定　表

(A) 収益性

①自己資本利益率 $= \dfrac{\text{年間純利益}}{\text{平均自己資本}} \times 100 =$ （%）

15%以上なら上（会社が小さくなるほど高くなる）

②売上高対純利益率 $= \dfrac{\text{期間純利益}}{\text{期間売上高}} \times 100 =$ （%）

メーカー3%　卸売1.5%以上

③総資本回転率 $= \dfrac{\text{年間売上高}}{\text{平均総資本}} =$ （回）

高いほど良い

④売上高対原材料費率 $= \dfrac{\text{期間原材料費}}{\text{期間売上高}} \times 100 =$ （%）

メーカー50%　商社85%以下

⑤売上高対一般管理費販売費率 $= \dfrac{\text{期間一般管販費}}{\text{期間売上高}} \times 100 =$ （%）

10～20%内外

⑥損益分岐点 $= \dfrac{\text{月平均固定費}}{1 - \dfrac{\text{変動費}}{\text{月平均売上高}}} =$ （千円）

月平均売上高と比較　低いほど良い

⑦1人年間純利益 $= \dfrac{\text{年間純利益}}{\text{従業員数}} =$ （千円）

業種によって違うが高いほうが良い

⑧売上高対粗利益率 $= \dfrac{\text{売上総利益}}{\text{売上高}} \times 100 =$ （%）

高いほど良い

(B) 安全性

①金利負担率 $= \dfrac{\text{期間支払利子}}{\text{期間売上高}} \times 100 =$ （%）

メーカー3%　商社1%以内

②当座比率 $= \dfrac{\text{当座資産}}{\text{流動負債}} \times 100 =$ （%）

高いほど良い（100%以上なら上）

③資本構成比率 $= \dfrac{\text{自己資本}}{\text{総資本}} \times 100 =$ （%）

高いほど良い

④預　貸　率 $= \dfrac{\text{不動産担保以外の借入金＋割引手形}}{\text{固定預金}} =$（倍）

メーカー３倍　商社２倍以下

⑤売掛債権は売上の何月分あるか $= \dfrac{\text{（割手を含む受手＋売掛金）平均在高}}{\text{月平均売上高}} =$（月）

少ないほど良い

⑥製品滞留日数 $= \dfrac{\text{製品平均残高}}{\text{月平均売上高}} =$（日）

15日以内

⑦原材料滞留日数 $= \dfrac{\text{原材料平均残高}}{\text{月平均材料費}} =$（日）

20日以内

⑧固定資産の利用度は良いか $= \dfrac{\text{年間売上高}}{\text{平均固定資産}} =$（倍）

高いほど良い

⑨固　定　比　率 $= \dfrac{\text{固定資産}}{\text{自己資本}} \times 100 =$（％）

低いほど良い（100％以下なら上）

⑩固定長期適合率 $= \dfrac{\text{固定資産}}{\text{自己資本＋固定負債}} \times 100 =$（％）

低いほど良い（100％以下であること）

⑪減価償却率 $= \dfrac{\text{減価償却費}}{\text{固定資産}} \times 100 =$（％）

大きいほど良い

(C) 成長性

①売上成長率 $= \dfrac{\text{今期売上高}}{\text{前期売上高}} \times 100 =$（％）

給与上昇率以上であること

②付加価値成長率 $= \dfrac{\text{今期付加価値}}{\text{前期付加価値}} \times 100 =$（％）

①の成長率以上が良い

③人員増加率 $= \dfrac{\text{今期末人員}}{\text{前期末人員}} \times 100 =$（％）

①、②、⑤、⑥より小さいこと

④設備増加率 $= \dfrac{\text{今期末使用総設備}}{\text{前期末使用総設備}} \times 100 =$（％）

成長企業ほど高い

⑤総資本増加率 $= \dfrac{\text{今期末総資本}}{\text{前期末総資本}} \times 100 =$（％）

①、②、③、⑥より高いのが普通

⑥純利益増加率 $= \dfrac{\text{今期末純利益}}{\text{前期末純利益}} \times 100 =$ （％）

①、②、③、④以上の増加が良い

⑦製品革新比率 $= \dfrac{\text{3年以内に開発した新製品売上高}}{\text{全製品売上高}} \times 100 =$ （％）

高いほど良い

注：成長性は年で比較する

(D) 生産性

①１人１月当たり生産高 $= \dfrac{\text{期間生産高}}{\text{延従業員数}} =$ （千円）

高いほど良い

②１坪当たり生産高 $= \dfrac{\text{期間生産高}}{\text{所要面積}} =$ （千円）

高いほど良い

③１人１月当たり付加価値高 $= \dfrac{\text{期間付加価値高}}{\text{延従業員数}} =$ （千円）

高いほど良い

④労働装備高 $= \dfrac{\text{設備総額}}{\text{期間平均人員}} =$ （千円）

高いほうが良い

⑤給与分配率 $= \dfrac{\text{総給与(賞与を含む)}}{\text{総付加価値}} \times 100 =$ （％）

30～40％程度

⑥給与ベース $= \dfrac{\text{総給与}}{\text{延従業員数}} =$ （千円）

高いほど良い

⑦限界利益率 $= \dfrac{\text{売上高}-\text{変動費}}{\text{売上高}} \times 100 =$ （％）

高いほど良い

第3章 原料

乾めんの原料は、干しそばがそば粉を使用することを除けば、基本的に小麦粉と食塩と水である。

1 小麦粉

(1) 小麦粉の種類

おいしいめんを造る基本は、適切な原料を使用して、適切な製法をとることであるが、そうした意味で、主原料小麦粉の種類と品質の選択が重要な要素となる。

昔は、どちらかというと製めんの難易で原料小麦粉が選択されていたことがあるが、食生活が向上した現在は、この製めん性に加えて食

『人論訓豪図彙』元禄3（1690）年版、国会図書館蔵

図表3－1　江戸時代の粉や

味、食感の良さを重視しているところに大きな違いがある（図表3—1）。

小麦粉は、用途別にパン用、めん用、菓子用と呼ばれることが多いが、正式にはたん白質含量によって強力粉、準強力粉、中力粉、薄力粉に分類される。また、それぞれ灰分量や色相などに基づく品質によって、特等級、一等級、二等級、三等級、末粉と等級に分けられている（図表3—2）。

めん類に使用される小麦粉で、製造する面（製めん性）からみて一般に好ましいのは、灰分が低く、グルテンの親水性が強くて生地が造りやすいものである。

めんに使用される小麦粉は、そばのつなぎ用を除くと、灰分0・3～0・5％、たん白質7～14・5％の範囲であり、灰分0・45％以下、たん白質13・5％以下のものがもっとも多い（図表3—3）。このうち乾めん、ゆでめんには通常、たん

図表3－2　小麦粉の種類・等級

(1)小麦粉の品質特性(用途別)による分類

種類	グルテン量	グルテン質	粒度	原料小麦	主な用途
強力粉	甚多	強靱	粗	硬質で硝子質	パン(食パン)
準強力粉	多	強	粗	硬質で中間質	パン(菓子パン)
中力粉	中くらい	軟	細	硬質で中間質	うどん、料理
薄力粉	少ない	粗弱	甚細	軟質で粉状質	菓子、天ぷら
デュラム・セモリナ	多	柔軟	甚粗	デュラムで硝子質	マカロニ類

(2)小麦粉の等級別特性値

等 級	色相	灰分(%)	繊維質(%)	酵素活性
特等粉	優良	0.3～0.4	0.1～0.2	甚低
一等粉	良	0.4～0.45	0.2～0.3	低
二等粉	普通	0.45～0.65	0.4～0.5	普通
三等粉	劣	0.7～1.0	0.7～1.5	大
末 粉	甚劣	1.2～2.0	1.0～3.0	甚大

白質量が中程度以下のものが、生中華めん、即席めん、マカロニ類などには多いものが使用される。しかし、めん用では中力粉が中心だったのが、強力粉や準強力粉を混ぜてたん白質量をしだいに高める傾向にある。

いずれにしても、使用する原料小麦粉は、めんの種類によっても違っている。各めんで必要とする小麦粉の性質が異なるからである。ごく単純化していうと、そうめんのように細いめんは硬い食感が、うどんのように太いものは軟らかさが必要であり、そうしためんを造る条件に適した原料が選ばれるわけである。

(2) 小麦粉の成分

① たん白質

たん白質、とくにグルテンの量によって用途に

図表3－3 小麦粉の成分・特性

(1)小麦粉のタイプ別等級別たん白質含有量

タイプ＼等級	等級別たん白質含有量(%)				
	特等粉	一等粉	二等粉	三等粉	末 粉
強 力 粉	11.7	12.0	12.0	14.5	—
準強力粉	—	11.5	12.0	13.5	—
中 力 粉	—	8.0	9.5	11.0	—
薄 力 粉	6.5	7.0	8.5	9.5	—

(2)小麦粉のタイプ別等級別灰分含有量

タイプ＼等級	等級別灰分含有量(%)				
	特等粉	一等粉	二等粉	三等粉	末 粉
強 力 粉	0.36	0.38	0.48~0.52	0.9	1.5~2.0
準強力粉	—	0.38	0.48~0.52	0.9	1.5~2.0
中 力 粉	—	0.37	0.48~0.50	0.9	1.5~2.0
薄 力 粉	0.34	0.37	0.48	0.9	1.5~2.0

適した加工特性の小麦粉が選ばれる。グルテンの網目構造が食感に大きく影響するからである（図表3—4、図表3—5）。

小麦粉に水を加えてこねた生地を水の中に入れて、もむようにしてでん粉を洗い流すと、粘着性のあるガム状物質が残る。これがグルテンであり、たん白質のグルテニンとグリアジンが主体となって網目構造を形成している。このグルテンが形成されることで、パンやめんの生地ができるのである。小麦だけがグルテンを形成するたん

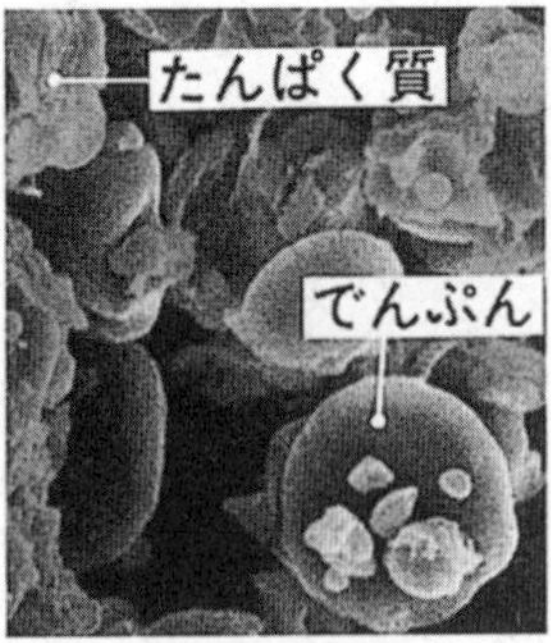

図表３－４
小麦粉の電子顕微鏡写真
（1,000倍）

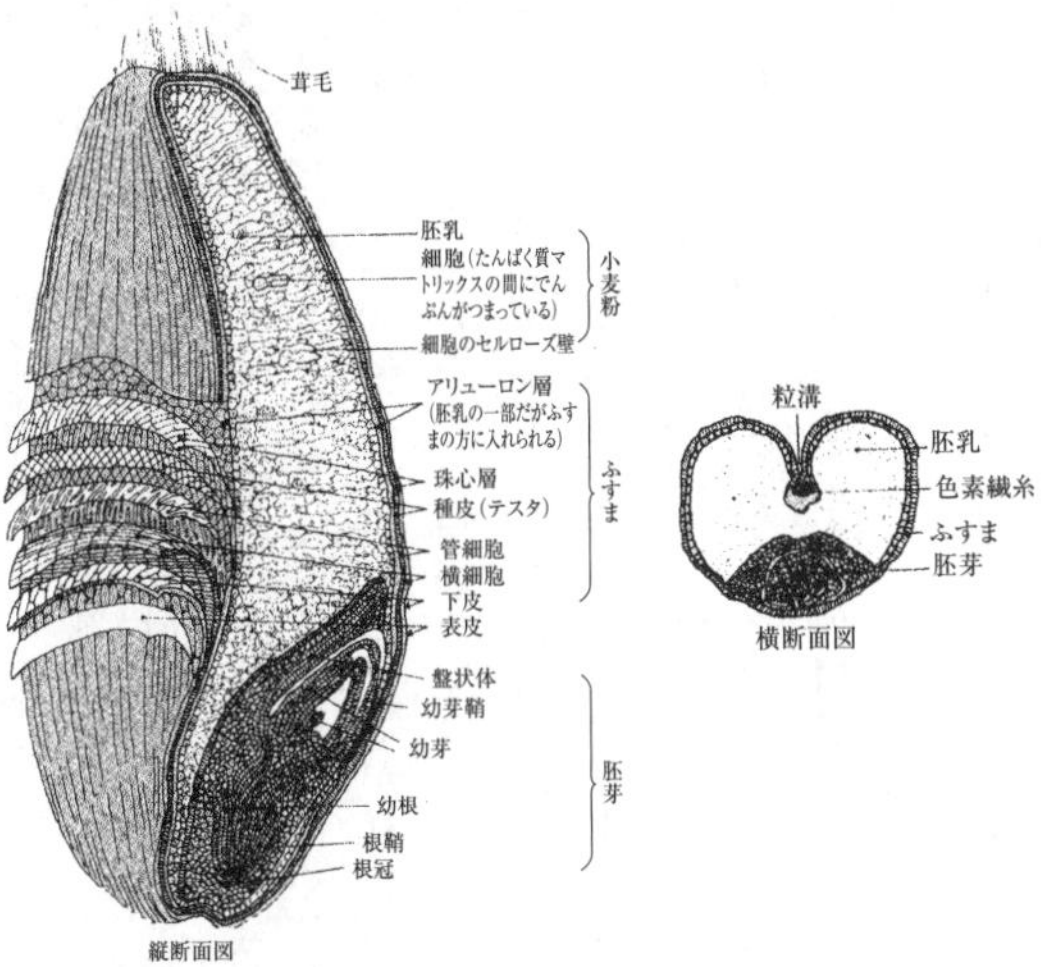

図表３－５　小麦種粒図

資料：（一財）日本製粉振興会「小麦粉の話」

白質を含んでおり、同じめんを造るそば粉やその他穀類にはない大きな特長である。

一般にそうめんのように細いめんは硬い食感が必要だが、うどんのように太いものは軟らかい食感と早いゆで上がりが要求され、硬いめんほどたん白質含量の多い小麦粉が用いられる。

しかし、同じめんの種類でも産地によって好まれる食感は異なる。たとえば、うどんには中力粉が使用されているが、煮込んでも形の崩れないめんや歯ごたえのよいめんを造るには、グルテンの多い小麦粉を使用する。逆にゆで上がりが早く軟らかいものがよければ、グルテンの少ない小麦粉を使用する。そこから使用される小麦粉のたん白質含量に差が出てくるわけである。一般に東北、関東では硬い食感、関西、九州では軟らかい食感が好まれている。

一方、そうめんのように細いめんには中力粉に準強力粉や強力粉を混合して使うことがあるが、強力粉を使用する産地もある。

いずれにしても、乾めんは乾燥によって起こる変性にともない食感が硬くなるので、同じ太さの生めんに比べると、たん白質含量は低くしたほうがよい。また、乾めんではゆで上がりを早くするために、馬鈴しょでん粉等を配合して、たん白質含量を下げる工夫も一部では行われている。

しかし、たん白質が少ないほうがよい場合でもグルテンの形成をさせるため製めんするのに必要な最低限があり、軟らかいうどんを造る場合でも、少なくともたん白質7～8％は必要である。一般に使用する小麦粉のたん白質含量は、およそうどんが7・5～9％、ひやむぎ8・5～10％、そうめん9・5～11％である。

② でん粉

でん粉は小麦粉の70％を占める主要な成分であるが、製めんの作業性にはあまり関係がなく、食感に大きくかかわっている。

めんのなかでもとくに、うどんの硬さや食味、食感には、計量的なテクスチャーだけではなく、粘弾性や表面の状態などからくる質的な要素が関係している。後者の質的な面、すなわちおいしさに、たん白質よりもでん粉の性質が大きくかかわっていることがわかってきた。

めんの生地を常温でこねていると、グルテンによってまとまりが出てくる。でん粉は常温ではこうした粘着力がないが、めんをゆでる高温になると、もちのように粘りが出てくる。

うどんのように太いめんは、とくにもちのような粘りのある軟らかさが好ましいが、これにはでん粉粒が糊化するときに膨潤・崩壊しやすいソフトな性質のものがよい。すなわち、ビスコグラフ（粘度測定機）で測定した場合に、糊化でん粉の最高粘度が高く、糊化温度が低く、ブレークダウンの大きいものである。

小麦粉に水を加えて加熱すると、約60度ででん粉粒が急激に膨潤して、粘度が高くなる。これが糊化開始点である。さらに加熱して94・5度くらいに保って撹拌していると、膨潤したでん粉が崩壊して粘度が下がる。この現象をブレークダウンと呼んでいる。

前述のように、干しうどんの品質改良に馬鈴しょでん粉が使用されるが、分級した大粒子の馬鈴しょでん粉やもち種のとうもろこしでん粉（ワキシースターチ）の配合によって、こうした効果がより得られることがわかっている。また、でん粉分子は直鎖状のアミロースと房状のアミロペクチンから構成されているが、うどんにはアミロース含量の低いほうが適している。一方、そうめんのように細いめんは、反対の性質のでん粉が適している。

③ 灰分

小麦の灰分含量は、胚乳部中心が0・3％程度に対して、皮部は5〜8％と多い。したがって灰分含量の多い小麦粉は、皮部の混入が多く、色のくすんだグレードの低いものであることを意味する。小麦粉の色相は、パンなどではあまり問題にはならないが、めんの色には直接影響するので注意が必要である。

⑶ 小麦の産地

歴史的にめん用には国産小麦粉が使用され、めんには国産のほうが適しているとみられてきた。

昭和30（1955）年頃までは中力二等粉を使用するのがほとんどで、これをめん用粉と呼んでいた。

昭和27（1952）年、麦類の統制が解除された後、乾めんの価格低迷に苦しんでいた乾めん業界は、その打開策の一環として製粉会社、小麦輸出国の協力を得て高級めん運動を展開した。これによって原料に強力一等粉と中力一等粉を配合したものを使用するようになった。これは高級めんだからというのではなく、食味の向上を目的としたものであり、めんの太さ、種類によって適正な配合がとられていた。

一方、米の増産にともない国産小麦が減産され、輸入小麦の供給が大幅に増えている。わが国の小麦生産は昭和40（1965）年頃から急激に減少し、それまで130〜150万tあったものが48（1973）年には20万t強にまで縮小した。そ

図表3－6 小麦の地域別収穫量

（単位：千t）

年度	平成2	7	12	17	25	26	27
北海道	501	207	378	540	532	551	－
東北	30	7	14	13	280	301	272
北陸	2	0	0	x	15	13	16
関東・東山	170	105	107	100	0	0	0
東海	38	18	40	44	79	77	80
近畿	32	9	20	21	49	56	48
中国	7	3	3	4	23	26	22
四国	16	6	3	5	4	5	5
九州	155	88	123	148	6	5	5
全国	952	444	688	875	103	118	96

資料：農林水産省「作物統計」、「耕地及び作付面積統計」
注　：「x」は個人、法人またはその他の団体の個々の秘密に属する事項を秘匿するため、統計数値は公表しないもの。

図表3－7 外国産小麦の銘柄別輸入数量

（単位：千t）

年度		平成21	22	23	24	25
アメリカ	ウェスタン・ホワイト	771	755	867	820	610
	ハード・レッド・ウィンター	(11.5) 867	745	880	980	727
	ダーク・ノーザン・スプリング	1,359	1,391	1,507	1,246	877
	その他	(0) 0	(1) 1	(3) 3	(0) 0	(1) 28
	計	(0) 2,997	(1) 2,891	(3) 3,257	(0) 3,046	(1) 2,242
カナダ	ウェスタン・レッド・スプリング	677	779	1,049	1,037	1,228
	デュラム	(196) 196	(190) 190	(272) 272	(170) 170	(210) 210
	その他	－	(1) 1	(1) 1	(1) 1	(3) 3
	計	(197) 874	(191) 970	(273) 1,322	(171) 1,208	(213) 1,441
豪州	スタンダード・ホワイト	815	966	911	870	759
	プライム・ハード	(153) 153	(129) 129	(122) 122	(101) 101	(83) 83
	その他	－	－	－	(0) 0	(0) 2
	計	(153) 968	(129) 1,095	(122) 1,033	(101) 971	(83) 844
その他		(3) 3	(2) 2	(4) 4	(4) 4	(6) 6
合計		(353) 4,841	(323) 4,958	(403) 5,616	(277) 5,229	(304) 4,532

資料：農林水産省「麦の需給に関する見通し」（平成27年）
注　：1．決算ベース。四捨五入の関係で計と内訳が一致しない場合がある。　2．(　)内の数量は、SBS方式により輸入された数量で内数。　3．23年度の輸入量には、備蓄水準の回復分43万tが含まれる。

の後、政府の生産奨励などがあって80～100万t程度まで回復したが、輸入小麦が圧倒している（図表3―6、図表3―7）。

国産の中心地は北海道で全体の約半分を占め、関東、九州地域を合わせると90％に及んでいる。国産は普通小麦としての品質特性を持っており、主としてめんの原料となっている（図表3―8、図表3―9）。

めん類では今でも国産小麦を原料とした粉を使用している産地もあるが、国産の減産傾向が長く続き、小麦粉の供給全体からみると外国産がほとんどというのが現状である。国産は減産が続くなかで品種改良などの努力が停滞していたが、その間に、海外では用途の研究とそれに適した品種改良が進められた結果、品質的にもすぐれたものが供給されるようになったからである。このところ乾めん業界で着目しているのが、モチ性小麦の開発で大きな期待をもっている。

めん用では普通小麦として輸入されているオーストラリア産ASW（オーストラリアン・スタンダード・ホワイト）の評価が高い（写真3―1）。これは国産に比べて製粉性も製めん性もすぐれており、現在はこれが主流である。国内産でこれを上回る製めん、製粉における適性を備えたものは、筆者の知るかぎりにおいては、ないとみられる。

しかし、前述したモチ性小麦の完成品がいかなるものかによっては、オーストラリア産ASWを超えるものが、国内産小麦として登場するかもしれない。

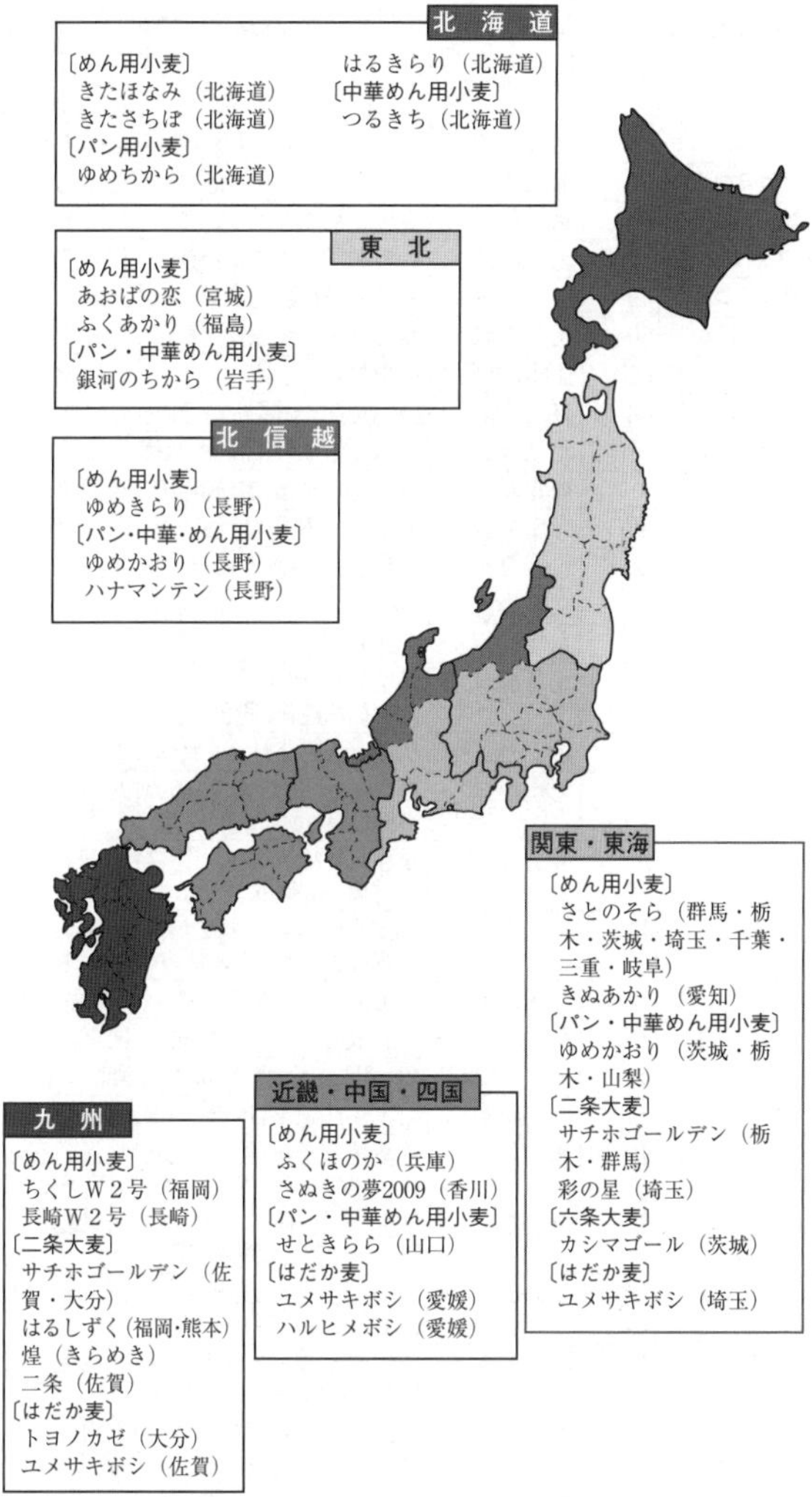

資料：農林水産省
注　：品種名の後は奨励都道府県（平成 27 年２月現在）。

図表３－８
平成 11 年以降に開発された麦類の主な新品種

図表３－９　小麦主要品種の特性

品種名	育成年次	育成場所	主な特性	栽培地域
農林61号	昭和19	佐賀農試	中生、やや長稈、良質、安定多収、穂発芽性難	関東、東海、近畿、中国、九州
ナンブコムギ	26	盛岡改良実験所	中生、やや長稈、耐寒雪性強	北東北
キタカミコムギ	34	東北農試	中晩生、やや長稈、良質多収	北東北
ホロシリコムギ	49	北見農試	中生、強稈、多収	北海道
タクネコムギ	49	北見農試	早生、強稈、たん白質含有量高	北海道
シロガネコムギ	49	九州農試	中早生、短強稈、良質多収	近畿、九州
ハルユタカ	60	北見農試	春播品種、短強稈、多収	北海道
シラネコムギ	61	長野県農事試	やや早生、強稈	南東北、北関東、東山
コユキコムギ	63	東北農試	多収、短強稈、製粉歩留高、めん色相良	北東北
タイセツコムギ	平成2	北見農試	製粉歩留高、めん色相良、耐雪性強	北海道
あきたっこ	4	東北農試	中生、耐雪性強、製粉歩留高	北東北
アブクマワセ	4	九州農試	極早生、製粉特性良	南東北
春のあけぼの	5	北見農試	春播品種、やや晩生、耐穂発芽性難	北海道
きぬいろは	5	九州農試	極早生、穂発芽性極難、製めん適性良	近畿
チクゴイズミ	5	九州農試	早生多収、低アミロース、製めん適性良	中国、四国、九州
ホクシン	6	北見農試	早生多収、耐雪性・うどんこ病抵抗性強、粉色相良	北海道
しゅんよう	6	長野県農事試	多収、穂発芽性難、良質	南東北、関東
ニシホナミ	7	九州農試	やや早生、耐倒伏性、製めん適性良、萎縮病耐性強	九州
つるぴかり	9	群馬農試	早生、製めん性良、穂発芽性難、耐倒伏性強	関東
イワイノダイチ	11	九州農試	早播適性、早生、縞萎縮病抵抗性強、製めん適性良	温暖地以西の平坦地
ニシノカオリ	11	九州農試	早生、菓子パン適性良	温暖地以西の平坦地
あやひかり	11	農研センター	早生、多収、低アミロース、製めん適性良	関東、東海
キヌヒメ	11	長野県農事試	早生、多収、穂発芽性難、製めん適性良	関東、東山、南東北
ダブル８号	11	群馬県農試	耐倒伏性強、縞萎縮病抵抗性強、硬質	関東
きたもえ	12	北見農試	縞萎縮病抵抗性強、色相良、穂発芽性やや難	北海道（縞萎縮病発生地帯）
ネバリゴシ	12	東北農試	早生、多収、低アミロース、製めん適性良、耐穂発芽性強	北東北
きぬあずま	12	農研センター	穂発芽耐性、縞萎縮病抵抗性、耐倒伏性強、多収、低アミロース	南東北、関東、東海
春よ恋	12	ホクレン	多収、赤かび病抵抗性強、耐穂発芽性やや難、製パン性良	北海道
さぬきの夢2000	12	香川県農試	耐倒伏性強、めん色・食感良	香川
ハルイブキ	13	東北農研センター	製パン適性良、耐倒伏性強、縞萎縮病抵抗性、穂発芽耐性中	東北
ユメセイキ	13	長野県農事試	穂発芽性難、短稈、多収	南東北、北関東、東山
きぬの波	13	群馬県農試	短稈、耐倒伏性強、めん色・粘弾性良	関東
タマイズミ	14	作物研究所	短稈、耐倒伏性やや強、硬質、製粉歩留良	関東、東海、中国

品種名	育成年次	育成場所	主な特性	栽培地域
ふくさやか	14	近中四農研センター	短稈、耐倒伏性強、粉色・ゆでめん・食感良	関東、東海、近畿、中国、九州
ゆきちから	14	東北農研センター	早生、耐病性、耐寒雪性強、製パン性良	東北
キタノカオリ	15	北海道農研センター	短稈、赤さび病抵抗性、耐倒伏性強、製パン性良	北海道
ミナミノカオリ	15	九州沖縄農研センター	やや早生、耐倒伏性強、パン・醤油用に適する	温暖地以西の平坦地
フウセツ	15	長野県農事試	製めん適性、穂発芽耐性、耐雪性が優れる	南東北、東山
春のかがやき	16	群馬県農技センター	早生、多収、製粉性・めん色・粘弾性に優れる	関東
ユメアサヒ	16	長野県農事試	穂発芽性はやや難、パン用硬質小麦	北関東、東山
ふくほのか	17	近中四農研センター	早生、多収、赤さび病に強く製粉性・粘弾性に優れる	温暖地以西
ハナマンテン	17	長野県農事試	早生、穂発芽性難、中華めん用硬質小麦	関東北部･東山、南東北・北陸
もち姫	18	東北農研センター	もち性、洋菓子・せんべい等の地域特産的用途、収量性、製粉性に優れる	東北、北陸
きたほなみ	18	北見農試	やや早生、多収、製粉性、めん色に優れる	北海道
はるきらり	19	北見農試	穂発芽性難、赤かび毒蓄積が少、製パン性良	北海道
あおばの恋	19	作物研究所	早生、縞萎縮病抵抗性、穂発芽しにくく、めんの食感が優れる	東北南部・関東以西
ユメシホウ	19	作物研究所	早生、耐倒伏性、硬質で製パン適性がある	温暖地の平坦地（つくば等）
さとのそら	20	群馬県農技センター	耐倒伏性、縞萎縮病抵抗性強、穂発芽性難、通常アミロース	関東
ゆめちから	20	北海道農研センター	縞萎縮病抵抗性強、ブレンド適性を有する超強力小麦	北海道
ふくはるか	20	近中四農研センター	早生、耐倒伏性、硬質で製粉歩留が高い、製めん適性良	温暖地以西
ちくしＷ２号	20	福岡県農総試	早生、縞萎縮病抵抗性、穂発芽性難、中華めん適性良	福岡
きぬあかり	21	愛知県農総試	早生、縞萎縮病抵抗性、耐湿性やや強、めん適性良	愛知
ゆめかおり	21	長野県農試	耐倒伏性、縞萎縮病抵抗性、製パン性良	関東、東山
さぬきの夢2009	21	香川県農試	多収、めん色・食感良	香川
福井県大３号	22	福井県立大学	早生、耐寒雪性、高たん白質含有率	福井
銀河のちから	22	東北農研センター	耐倒伏性縞萎縮病抵抗性、穂発芽性難、超強力小麦	岩手

資料：農林水産省「麦の需給に関する見通し」

写真３－１　オーストラリアの小麦畑

(4) 小麦の相場連動制

平成18(2006)年の食糧法改正により、平成19年4月以降、標準売渡価格制度が廃止され、過去の一定期間における買入価格の平均値に年間固定のマークアップ(政府管理経費および品目横断的経営安定対策の経費に充当)を上乗せした価格で売り渡す「相場連動制」に移行した(図表3―10)。これによって、国際穀物相場や為替の動向に連動して売渡価格が変動するようになった。平成19(2007)年4月以降の政府売渡価格の動向は、自国への供給を優先し輸出規制を実施する国が出始めたことなどにより国際相場の高騰が続き、国際相場の高騰を反映して、政府買付価格が大幅に上昇、平成20年4月期価格比+30%の引き上げが実施され、平成20年10月期には7万6030円/tとなったがその後引き下げられ、22年4月期には4万7160円/tとなった。平成27年4月期は6万70円/tである。(図表3―11)。

2 そば粉

(1) そば粉の品質

乾めんのうち、干しそばにそば粉が使用されるが、そば粉は原料である玄そば(そばの実)を製粉したものである。

昔は、玄そばを石臼でひいて粉にし、ふるい分けして果皮や消化しない繊維分などを除き、この操作を繰り返して、一番粉から四番粉までつくった。今でも高級なそばなどでは、石臼製粉が行われているところもある。

しかし、現在はそば粉を効率よく段階的に取ることのできる連続式ロール製粉が主流である。

○売渡制度変更のイメージ

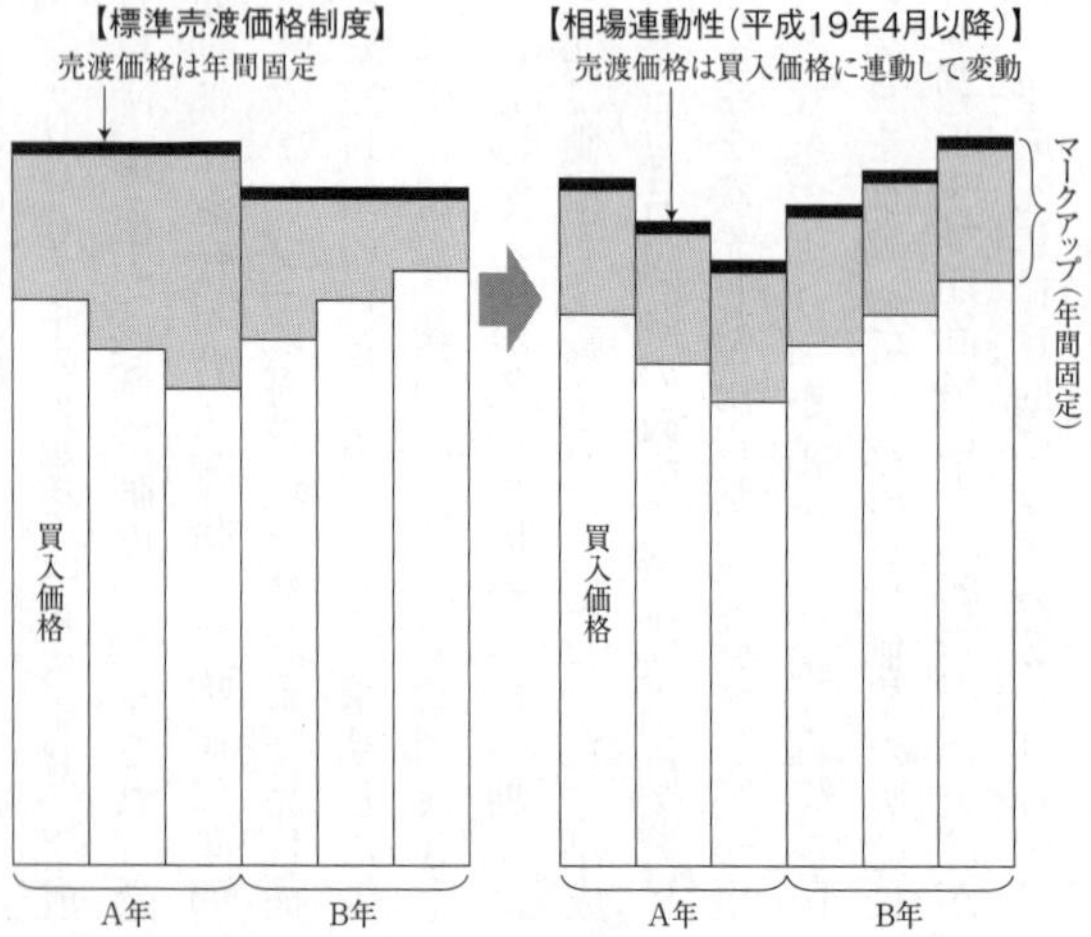

○価格改定ルール

項　目	内　容
年間価格改定回数	年2回(4月、10月)
買付価格算定時期	価格改定月の3カ月前からさかのぼって8カ月

注　:この方式により、価格変動を緩やかなものにしている。

○相場連動性の価格構成

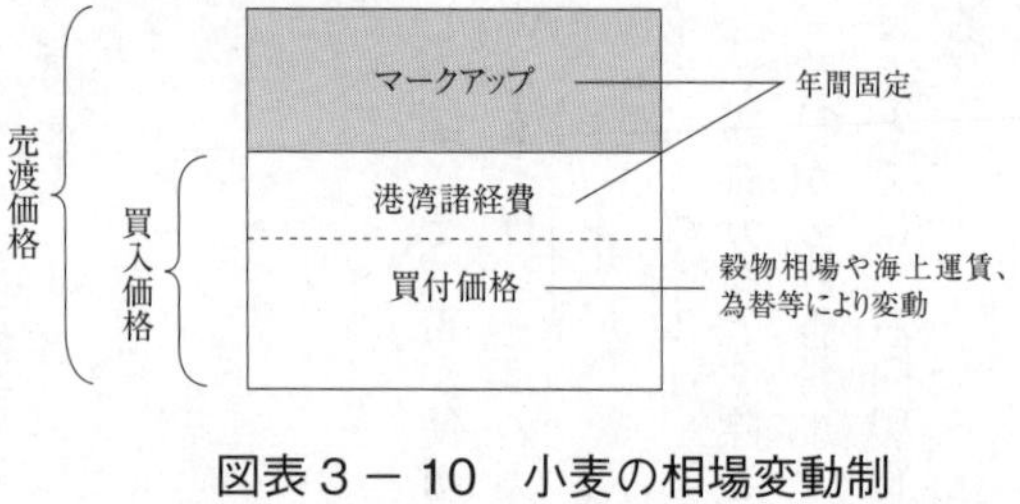

図表３－10　小麦の相場変動制

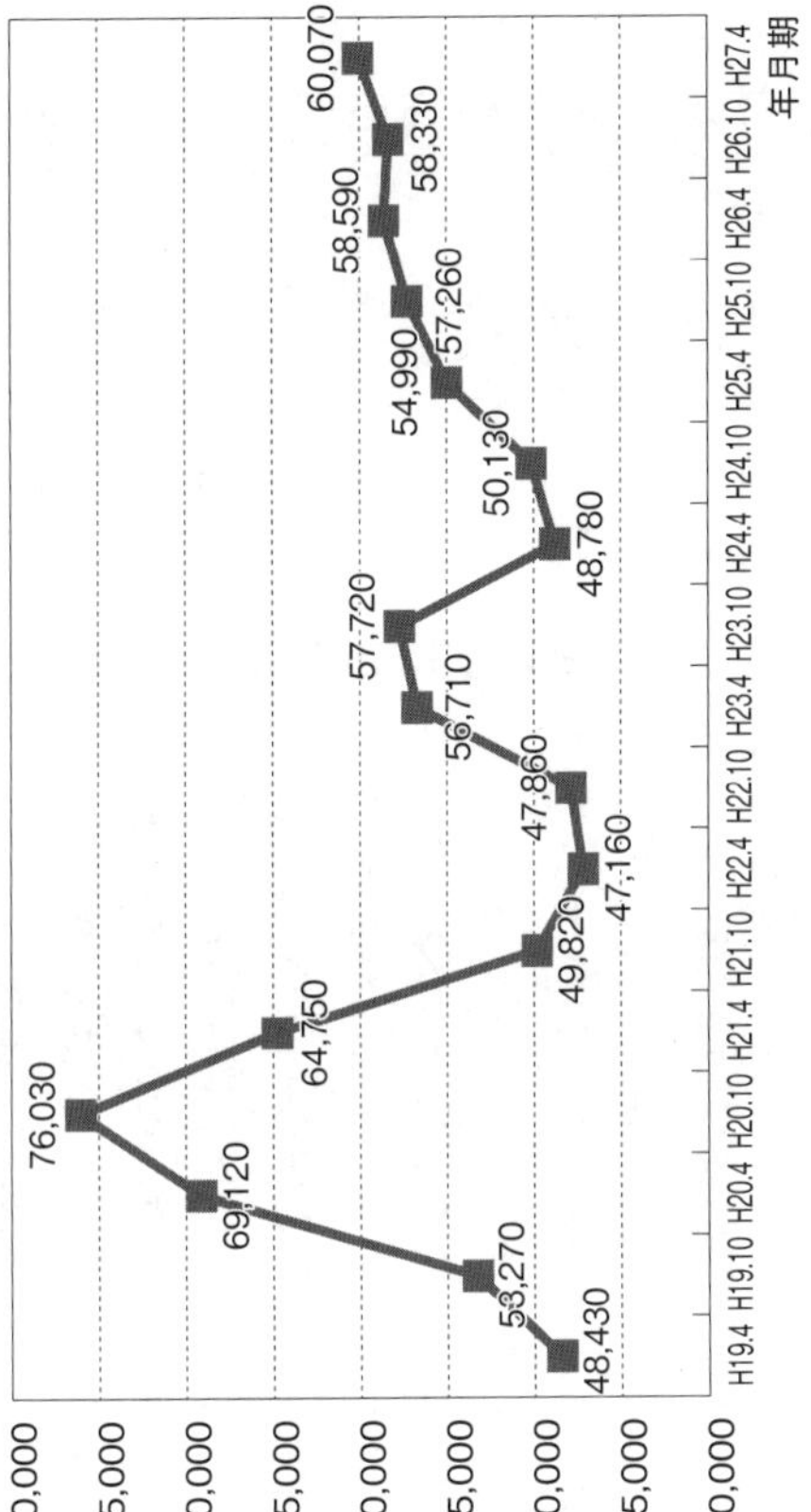

図表3－11　輸入小麦の政府売渡価格の推移

資料：農林水産省「輸入小麦の政府売渡価格について」
注　：～平成25年は消費税5％、平成26年～は消費税8％込みの価格である。

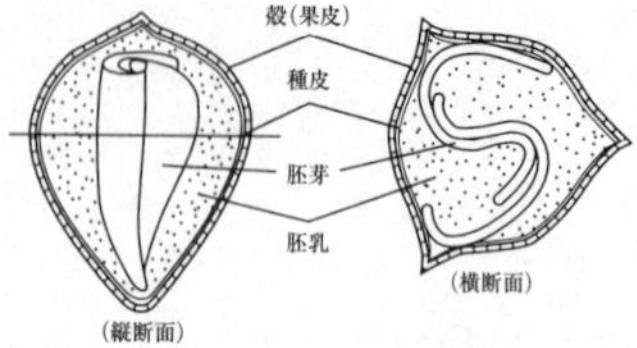

	構成割合(%)	粗たん白質(%)	粗脂肪(%)	粗繊維(%)	粗灰分(%)
胚乳	53	4.3	0.4	−	0.35
胚芽	16	33.0	7.2	3.0	5.40
種皮	12	44.5	11.1	4.2	7.30
殻	19	4.0	0.6	43.5	1.60

資料:農林水産省食品総合研究所(柴田)
注　:乾燥換算値。

図表３－12　そば種実の構造と成分組織

玄そばの構造は、外側から殻（果皮）、甘皮（種皮）、糊粉層、胚乳部、胚芽部で構成されている（図表3—12）。そして、そば粉といっても胚乳部が主体のものと、糊粉層、胚芽部などが混ざったものでは性質に大きな違いがある。この点が胚乳部だけをとる小麦粉との大きな相違点である。

市販のそば粉は小麦粉に比べて茶色っぽい色をしていることが多いが、これは茶色い殻を混ぜたからで、胚乳部だけをとれば小麦粉に近い白さのものとなる。一般に干しそばには種皮の混合割合の多い、色の濃いそば粉が使用されている。

そば粉の品質は風味、色などを基準にするが、小麦粉に比べて変質しやすく保存性がきわめて低い。とくに夏の暑い時期は、風味や色の変化が著しいので注意を要する。そば粉の場合にはひきたてがよく、一週間以上は貯蔵しないようにし、できるだけ低温の場所で貯蔵するほうが好ましい。

そばのおいしさには、風味だけでなく食感も大切な要素だが、これはそば粉の灰分含量と関係している。灰分含量が少ないほど色が白く、ゆでたときに透明感があって、歯切れがよく弾力性がある。ただし、食感はつなぎに使う小麦粉の配合割合によっても大きく変わる。

(2) そばのつなぎ

そば粉は小麦粉と違い、たん白質全体の40%が水溶性で、グルテン形成がないので、生地のつながりが悪く、めんを造りにくい。そこで、つなぎとして小麦粉を配合するが、これを割粉と呼んでいる。二八そばなどといわれるが、これはそば粉8に対して小麦粉2を配合したものである(ただし、一八そば、二八うどんなどという言い方もあったので、二八が配合割合を示すことを否定する説もある)。

そばは、そば粉の配合を乾めん類JASでは40%以上のもの、生めんの公正競争規約では30%以上のものとしているが、一般には小麦粉50%以上のものが多い。

つなぎに使用する小麦粉は、グルテン含量の多いものが適しているが、製めんの作業性からそば粉の配合が多いものほどグルテンの多いものが求められる。一般的には、灰分0・8%以下、たん白質13%以上が望ましいが、黒いほうがそばらしいと受け取られる傾向があるので、グレードの低い小麦粉が使用されることも多い。

(3) 玄そばの産地

玄そばは、沖縄と北海道北部を除き、日本各地で栽培されている(図表3—13)。北海道、鹿児島、

図表3－13　そばの都道府県別生産量

	16 年産			21 年産			26 年産		
	作付面積（ha）	10 a当たり収量（kg）	収穫量（t）	作付面積（ha）	10 a当たり収量（kg）	収穫量（t）	作付面積（ha）	10 a当たり収量（kg）	収穫量（t）
全国	43,500	…	…	45,400	…	…	59,900	52	31,100
北海道	14,800	52	7,650	14,900	47	7,000	21,600	60	13,000
青森	2,460	25	615	2,430	21	510	1,800	38	684
岩手	861	51	439	951	…	…	1,610	58	934
宮城	488	45	218	680	…	…	667	35	233
秋田	1,850	31	574	2,090	32	669	3,130	40	1,250
山形	2,980	58	1,730	4,090	27	1,100	4,880	43	2,100
福島	3,350	72	2,410	3,190	30	971	3,710	52	1,930
茨城	2,350	52	1,220	2,260	48	1,080	2,950	72	2,120
栃木	1,490	82	1,220	1,690	49	828	2,270	73	1,660
群馬	394	…	…	338	…	…	448	92	412
埼玉	257	43	110	329	…	…	361	55	199
千葉	28	54	15	40	…	…	80	51	41
東京	7	…	…	8	…	…	10	53	5
神奈川	16	…	…	15	…	…	12	63	8
新潟	2,020	24	485	1,450	38	551	1,540	43	662
富山	256	…	…	186	…	…	501	40	200
石川	371	21	78	277	…	…	303	16	48
福井	1,790	35	627	2,730	39	1,060	3,800	24	911
山梨	193	…	…	189	…	…	200	53	106
長野	2,650	74	1,960	2,680	50	1,340	4,060	63	2,560
岐阜	208	…	…	259	…	…	308	31	95
静岡	54	33	18	99	…	…	89	34	30
愛知	88	…	…	50	…	…	38	26	10
三重	12	…	…	66	…	…	110	37	41
滋賀	145	33	48	294	…	…	448	49	220
京都	154	…	…	112	…	…	103	23	24
大阪	1	…	…	0	…	…	1	30	0
兵庫	329	11	35	355	40	142	376	21	79
奈良	16	…	…	17	…	…	22	41	9
和歌山	0	…	…	1	…	…	1	29	0
鳥取	301	9	28	290	…	…	324	22	71
島根	327	26	85	458	…	…	628	23	144
岡山	192	17	33	208	…	…	223	33	74
広島	332	10	32	390	…	…	404	17	69
山口	200	…	…	94	…	…	64	25	16
徳島	110	…	…	98	…	…	71	48	34
香川	20	65	13	28	…	…	36	33	12
愛媛	63	…	…	38	…	…	47	48	23
高知	157	7	11	28	…	…	11	28	3
福岡	39	…	…	45	…	…	48	35	17
佐賀	33	…	…	20	…	…	28	39	11
長崎	181	…	…	177	…	…	190	44	84
熊本	412	19	78	389	…	…	492	61	300
大分	220	…	…	281	…	…	304	31	94
宮崎	362	71	257	353	…	…	417	52	217
鹿児島	937	49	459	806	…	…	1,170	30	351
沖縄	-	-	-	1	…	…	42	40	17

資料：農林水産省「作物統計」　平成21年産までそばの収穫量調査は主産県調査であり、主産県の結果を積み上げた主産県値として集計し、全国値は推計していない。なお、非主産県については「…」と表示した。

茨城などが主産地である（写真3—2）。

国産玄そばの生産は、明治30（1897）年頃をピークに減産を続けて、昭和50（1975）年には作付けが最盛期の1割程度まで落ち込んだ。その後、米の転作策として増産されているが消費量全体の2割程度である。

輸入のほとんどは中国、カナダ、米国の3国に依存している（写真3—3）。ほかに200t程度であるが、オーストラリア・タスマニアから輸入している。

品質では、国産のほうが優れているが、中国内蒙古産大粒やカナダ産マンカン種などが国産玄そばに匹敵するとされている。

岩手県安比高原

写真3－2 国内のそば畑

全乾麺主催による研修のスナップ

写真3－3 カナダのそば畑

(4) 韃靼《だったん》そば(苦そば)

韃靼とは、モンゴル地域やその周辺を示す言葉。原産地は、中国雲南省。韃靼そばは、別名苦そばとも呼ばれ、中国では漢方薬のひとつとして扱われている。

色は黄色で、めんに使用した場合にゆで湯が黄色に濁り、めんは黄みがかったものである。原料が硬いことから製粉する方法がそばと異なり、ハンマー製粉で行うのが特長のようだ。栄養学的にはルチンが、そばの約100倍、その他シス・ウルベン酸およびフラボノイドが含まれている。

3 食　塩

(1) 食塩の効果

めんの生地は、小麦粉に食塩と水を加えて混練して造るが、食塩は水で溶かして食塩水として加える。製めんでは生地のほか、ゆでや洗浄にも使われ、これらではpHやアルカリ度が問題になるが、生地に加える水についてはとくにそれがない。

食塩は、グルテンの結合に作用して、生地を引き締める働きがある。すなわち、生地の弾力性を高めて、製めんする際の作業性を良くする。中華そばでは、食塩ではなくかん水(主成分:炭酸カリウムなど)を加えるが、食塩と同じように生地を引き締める作用をする。

小麦粉にはたん白質酵素が存在するが、食塩が酵素活性を抑えるので、生地をねかしておいてもダレることなく熟成させることができる。

乾めんの製造では、食塩を加えるとめんの蒸気圧が低下し乾燥速度が遅くなるので、急激な乾燥によりめんに生ずる亀裂を防止するうえで大きな効果がある。後述するように、うどん、そばなどで食塩を加えずに製めんすることもあるが、こうしたことから乾めん製造に食塩は不可欠である。

その他に、食塩の作用として、適度の塩味のもつ味覚のよさ、抑菌性による生めんの保存性の向上、ゆで時間の短縮、ゆでたうどんの食感をソフトにすることなどがある。また、かん水は、中華めんに特有の薄黄色と風味を出す役目をする。

食塩が多いとゆで湯に溶出してにごり、めんの歩留まりを低下させることから、無塩製めん法をとる場合もある。たとえば、名古屋のみそ煮込みうどんは、生うどんをゆでずにそのままだし汁で煮るので、小麦粉に食塩を加えずに真水でこねる。しかし、食塩を加えないので、うどんに芯が残り、軟らかくゆで上がるのに時間がかかる。また、たん白質分解酵素の働きを抑えることができず、生地が時間とともにダレてくるので、できるだけ早く煮込む必要がある。

(2) 食塩水の濃度

食塩は水に溶かして小麦粉に加えて、生地を混捏する。加える食塩量は、機械製めんで小麦粉に対しておよそ2～5%で、手打ちや手延べのめんはこれより多い。

どの程度の食塩量が適度か。ゆでためんに塩味を感じるには、ゆで時間にもよるが、小麦粉に対して4%以上加えないと期待できない。また、長期保存でも変質しない抑菌性には、5%以上の食塩が必要である。

さらに、季節の変化にともない生地の締まりを調節する意味で、夏は加塩量を多くし、冬は少なくする（図表3―14）。元来、手延べそうめんは冬

図表3－14　各季節別食塩水濃度および加水量

季節	食塩水濃度 Be'度	食塩水加水量 kg	加水率 %	絶対含水率
春	11～14	8.08	32.3	31.6～32.3
夏	12～16	7.58	30.3	30.3～32.1
秋	10～12	8.08	32.3	32.1～32.6
冬	9～10	8.59	34.4	33.5～33.7

小麦粉25kg／1袋当たりの食塩水加水量（小麦粉含水率14%）

図表3－15
ボーメ度・加水率と小麦粉当たりの食塩量

（小麦粉当たり）

加水率 / ボーメ度	28%	30%	32%	34%	36%	38%	40%	42%	44%	46%
7	2.0	2.1	2.2	2.4	2.5	2.7	2.8	2.9	3.1	3.2
8	2.2	2.4	2.6	2.7	2.9	3.0	3.2	3.4	3.5	3.7
9	2.5	2.7	2.9	3.1	3.2	3.4	3.6	3.8	4.0	4.1
10	2.8	3.0	3.2	3.4	3.6	3.8	4.0	4.2	4.4	4.6
11	3.1	3.3	3.5	3.7	4.0	4.2	4.4	4.6	4.8	5.1
12	3.4	3.6	3.8	4.1	4.3	4.6	4.8	5.0	5.3	5.5
13	3.6	3.9	4.2	4.4	4.7	4.9	5.2	5.5	5.7	6.0
14	3.8	4.2	4.5	4.8	5.0	5.3	5.6	5.9	6.2	6.4

【ボーメ度・加水率と小麦粉当たりの計算式】

①100－ボーメ度＝　X（水部）

②$X \times \frac{\text{加水率}}{100}$ ＝　Y（加水率のうちの水量）

③加 水 率（整数）－Y＝食塩量%

季だけ製造していたが、とくに機械めんは年間を通じて製造するので、季節に応じた加塩量の調節が必要である。

前述のように、食塩は水に溶かして、食塩水の形で小麦粉に加えるので、食塩の配合率は実質的に小麦粉に対して加える食塩水量で示される。このとき、食塩水の濃度はボーメ度で表される。ボーメ度とは、ボーメ比重計で測定した食塩水の濃度のことであり、温度15度において、ボーメ度は水がゼロ、15%食塩水が15である。

ボーメ度と加水量の関係を図表3―15に示す。

(3) 食塩水の調整

食塩水は水に十分に溶解しておかなければならないが、機械製めんでは使用量が多いので、食塩水を調整して貯蔵しておき、撹拌してから使用する。

食塩水を実際に調整するには、飽和食塩水に真水を混合して所定の食塩濃度（ボーメ度）にする方法がとられている。そのため、食塩を溶解するタンクA、飽和食塩水を貯蔵しておくタンクB、飽和食塩水と真水を混合するタンクCの3基のタンクを設備する。

原料粉と食塩水の混合時間は、気温の高い夏は冬よりも短い。また、混練した生地をねかせるときも温度の高いほうが効果は大きい。そこで、加える食塩水の温度を高くするようになってきた。

手打ちうどん製めんで「土三寒六常五杯」という言葉がある。「土」とは夏場、「寒」は冬場、「常」は春・秋のことである。このいわれは、夏場に塩1升を使用すると3升の水で割り、冬場に塩1升を使用すると6升の水で割り、春・秋は塩1升を使用すると5升の水で割ることである。食塩（NaCl）は、ナトリウム（Na）と塩素からできている。ナトリウム量＝食塩ではない。平成27（2015）年に制定された、栄養成分表示に表示する食塩相当量とは、食品に含まれているナトリウム量を食塩の量に換算した値である。

ナトリウム（mg）×2・54÷1000＝食塩相当量（g）

図表3－16　食塩の濃度と味

濃度(%)	味
0.05	ほとんど無味
0.10	かすかな甘味
0.15	甘味とかすかな塩味
0.20	甘味がかった塩味
0.30	弱い塩味
0.40	やや弱い塩味
0.50	塩味
0.60 ⋮ 1.0	明瞭な塩味
1.0 ⋮ 6.6	強い塩味
20.0	塩味と弱い苦味
30.0	塩味と強い苦味

資料：島津一夫「実験心理学提要」第3巻

(4) 食塩濃度と味覚

塩は必須栄養素（ミネラル）であるが、好まれる濃度領域は狭い。すなわち、とり過ぎほどとれないのが塩味で、一般的に0・8%前後の濃度が好まれているといわれている（図表3―16）。これは体液の塩分濃度にほぼ相当するといわれているからである。

4　その他の原料

(1) 食用油

手延べそうめんでは、油返しといって、めんの表面に食用油（約1%：小麦粉4kgに対して40g）を塗りながら細く引き延ばしていく。

それは、1）めん表面の乾燥を防ぐこと、2）めん同士の付着を防ぐこと、3）そうめんに独特の

図表3－17
代表的な油の酸化安定性、よう素価および凝固点

油種	べに花油*2	大豆油	ごま油*3	綿実油	パーム油
AOM値*1	9時間	13時間	29時間	16時間	60時間
よう素価	140	130	117	113	53
凝固点	−5℃	−8℃	−5℃	6℃	34℃

＊1：油脂20mℓを97.8℃に保ち、233mℓ／sで空気を吹き込んだ時、その油脂の過酸化物価が100meq／kgになるまでに要する時間で、値が大きいほど酸化安定性が良いことを示している。
＊2：ハイリノール種、＊3：淡口。

風味を与える、などが大きな理由である。

そうめんは、めんを細く延ばして最終的に乾燥にいたるまで、油を塗りながら引き延ばし、ねかせる作業を十数回も繰り返し、1日以上の時間をかける。この間、空気に触れるとたちまち乾燥してしまうが、油を塗ることで時間をかけて熟成させることができ、めん同士の付着も防ぐことができる。

また、油は食塩とともに長期保存におけるめんの変化を防止し、ゆでたときにしっかりと形を保ち、歯切れのよい食味を出すことができる。

このため使用する食用油は、一般的に綿実油が多い。その理由は、融点が多く、安定性が高く、風味がさっぱりしていて油臭くなく、酸化しにくく価格も適当であるからだ（図表3—17）。動物油脂を使用しないのは、特有のにおいがあり、

酸化しやすいからである（酸化についてのチェックが望まれる）。

春秋のねかしの短い季節には白絞油を使うが、乾きや流れが早かったり、ゆで上がりがしゃきっとしないときには硬化油を併用することがある。

綿実油は、米国などからの輸入がほとんどで国産はない。したがって江戸時代には、主としてゴマ油、クルミ油、カヤ油などが使われたという。また、現在も小豆島などのそうめんでは、ごま油やオリーブ油を使用したものもあるが、価格が高いのであまり一般的ではない。ごまは平成25（2013）年に、アレルギー表示奨励品目に追加されている。

(2) その他

その他、手延べの品質保証のＪＡＳは、乾めん類ＪＡＳに包含される。使用が認められている原材料としては小麦粉、でん粉、食用植物油だけである。手延べのＪＡＳは、その品質よりむしろ「作り方」に特長があることから、「手延べ干しめん指定ＪＡＳ（作り方）」規格・基準と改正した（手延べ干しめん日本農林規格を参照）。

第4章

めんの製法

1 手造りめん

手造りの製めん法には、「手打ち」と「手延べ」がある。手打ちは、どちらかというとうどんのように太いめんを造ることに利用されてきた。それに対して、手延べはうどんも造るが、そうめんの製法として普及してきた。

(1) 手打ち

手打ちとは、生地をこねたり、延ばしたりしてめんを造る意味である。すなわち、小麦粉に食塩水を混ぜてこね、ねかせてめんの生地を造り、それを平らに延ばしてめん線に切ることである。

手打ちそばおよびうどんの一般的な手順を示す（写真4―1）。

① 手ごね、足踏み（写真4―1①～②）

小麦粉を原料とするめんでは、グルテンの形式が大きなポイントである。このグルテンの形式を促進するには、十分にこねて小麦粉に食塩水をよく浸透させなければならない。

まず、小麦粉を木鉢に入れて、食塩水を少しずつ加えながら、なじませるように手でこねていくと、グルテンが形成されるにしたがって生地の粘着力が高くなる。

そばの生地に比べて、小麦粉を使用するうどんなどのめん生地はかなり強い粘着力を持ってくるので、手の力ではこねることが難しくなり、体重をかけて足踏みを行う。

写真４－１　手打ちそばの基本作業

①　指を立ててよくかき混ぜる

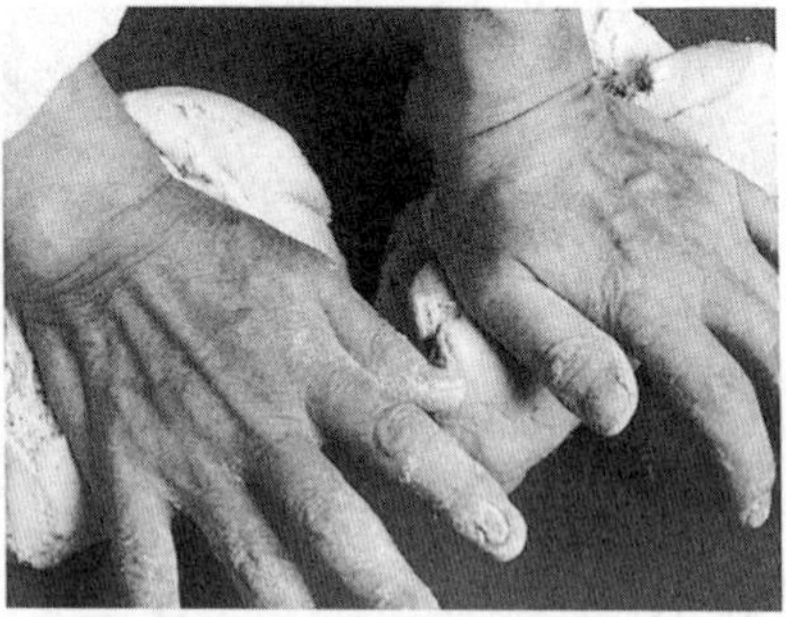

②　手の平でおして水をしみ込ませる

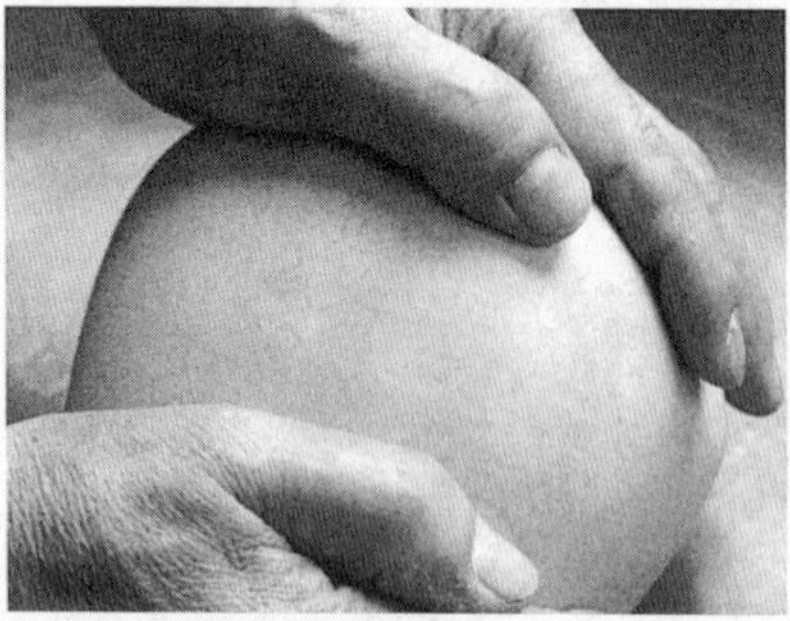

③　粉につやが出たら塊にまとめる

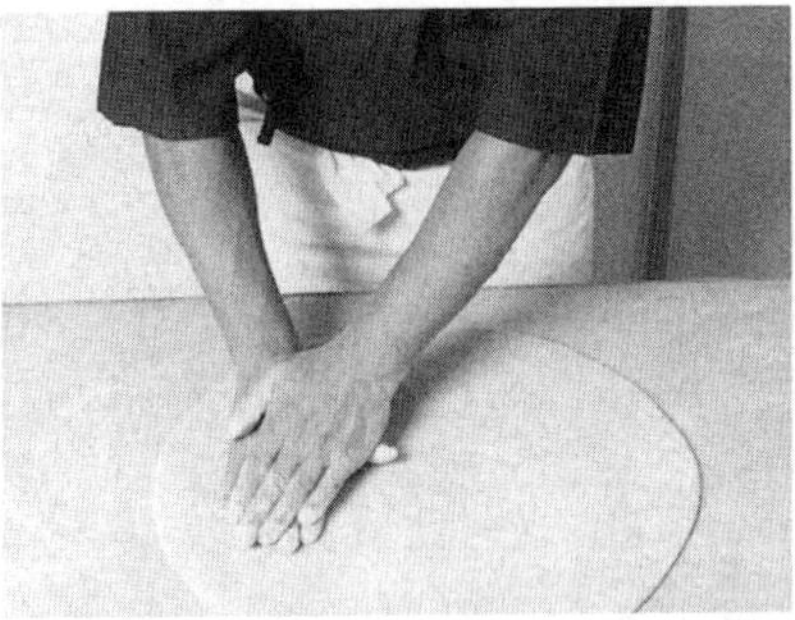

④めん棒で平らに延ばし始める（丸出し）

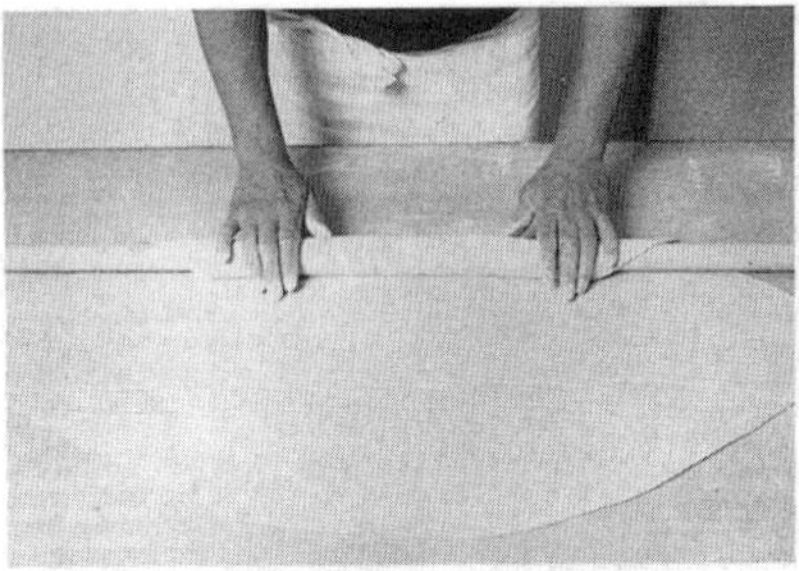

⑤めん棒を4度操作して円形から正方形に延ばしていく（四つ出し）

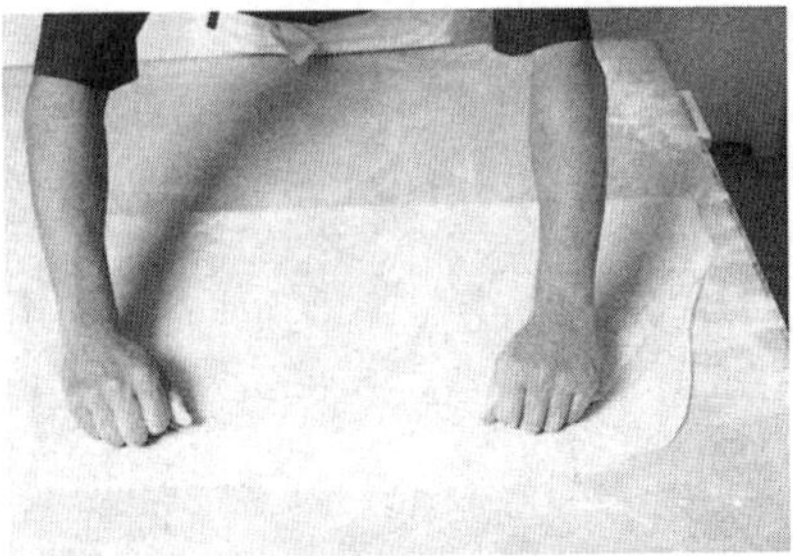

⑥肉分け

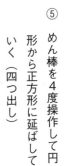

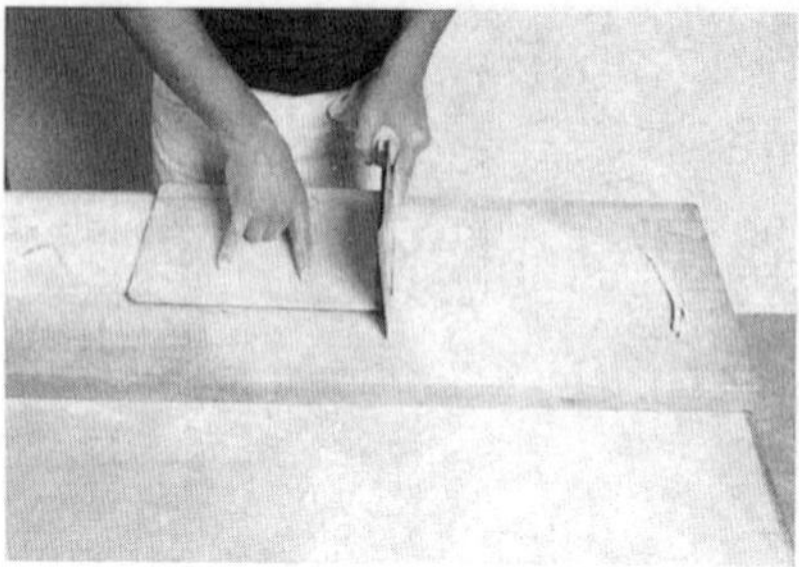

⑦ 切断（包丁切り）

⑧ 切っためん棒をほぐす

⑨ 熱湯にさばきながらそばを入れる

⑩ よくもみあらいをした後、もりつけ

〔参考〕一鉢二延し三包丁

手打ちそばの基本を適切に表現する言葉として「一鉢二延し三包丁」があり、昔からそば職人の座右の銘となってきた。手打ちそばの手順でもっとも大事なのが最初の木鉢の工程である。こね方が悪いとそば粉に水分が均質に混ざらず、延ばしも包丁切りもうまくいかない。

このようにしてこねる作業とねかし（熟成）を繰り返して、グルテンの網目構造を形成させていく。

グルテンの網目構造の中にでん粉が包み込まれていれば、ゆでたときにでん粉は湯に溶け出すことなく糊化して、おいしいめんができあがるのである。

ところで、足踏みは衛生的に問題があるところから、かわりに「足踏み機」を使用していることが多い。

② そばの水ごねと湯ごね

めんは通常、水でこねるが、そばでは湯でこねる場合がある。

小麦粉に水を加えてこねるとグルテンが形成されて、強い粘性が生ずる。そば粉には小麦粉のようにグルテンがなく、わずかに含まれている水溶性たん白質が水に溶けて粘りを生じて、そば粉をつなぐ。しかし、これだけではめん帯の形成力が弱いので、小麦粉を加えてつなぎの役割を果たすのである。このように小麦粉のグルテン形成を利用する場合には水ごねが適している。

一方、そば粉の場合には、熱湯を加えることで、そば粉のでん粉を糊化（アルファ化）して、粘性を引き出し、めんを造る。でん粉は水では糊化しないが、湯の中では糊化して粘着力を生じるからである。

③まるめとねかし（写真4―1③）

こねた生地は2kg程度に切り分けて、団子のようにまるめ、乾燥しないようにぬれぶきんなどで被せて数時間ねかせておく。

ねかし（熟成）がなぜ必要かというと、品質をよくするからである。小麦粉と食塩水がよくなじみ、弾力性があり、ふっくらとした柔らかさのある生地ができる。

ねかしの効果を生地の構造からみると、ねかすことで圧力を受けてひずんでいたグルテンの網目構造が柔軟性を取り戻すのである。これを生地の緩和という。また、ねかしには小麦粉と水分がよくなじみ、均一化が進むことでグルテンの形成を促進する効果もある。

しかし、ねかし時間が長すぎると逆に生地は弾力性を失い、ダレてくる。

④延ばし（写真4―1④～⑥）

まるめた生地をめん棒を使って円盤状に延ばし、厚さ3～5㎜まで薄くしていく。延ばすときには、円盤状の生地をめん棒に巻き付けて転がすようにして薄く延ばしていく。この延ばしの作業で最終的に1辺が60～70㎝くらいの薄い円盤状にする。

⑤ **包丁切り**（写真4－1⑦～⑩）

薄い円盤状の生地を前後に折り返して数枚を重ねた状態にして、包丁で細く線切りにしていく。手打ちの場合、できた生めんを、ただちにゆでて食べるのがふつうである。

（参考）そば包丁とうどん包丁

そばを切るには、専用のそば切り包丁を使う。江戸時代から現在まで続いている江戸流の包丁がその典型である。刃が柄の真下まで延びている特殊な形で、刃は片刃で、先端が直角である。幅11cm、長さ33cm、重さ1kgが標準的である。

そばの産地では、そば打ちが主婦の仕事だったことから、小型で軽いものが使われてきた。典型はなく、地方色豊かにさまざまなものがある。

一方、とくにうどんには専用切り包丁はない。うどん店ではふつう、そば切り包丁の柄を長くしたようなものを使う。重さはそば切り包丁より軽めにできている。

(2) 手延べ

手延べめんにはうどん、ひやむぎもあるが、そのほとんどは手延べそうめんである。その製法について解説する。

手延べは本来、すべて手作業で行われていたもので、現在もそうした昔からの手法がそのまま行われてはいるが、部分的には簡単な機械（道具）が導入されている（写真4－2）。

① **こね、ねかし、延ばし**（写真4－2①～②）

小麦粉と食塩水をこねて生地を造り、ねかせて熟成させるところまでは手打ち式と同じである。踏み板の上で足踏みして、厚さ8㎜程度まで円盤状に延ばす。

②板切り（写真4―2③）

この円盤状の生地に包丁か鎌で渦巻き状に切れ目を入れて、断面が8kg角くらいの帯状にする。これを板切り機に数回通してひも状に延ばす。

③油返し（写真4―2④）

このひも状のものの表面に食用油を塗りながら、よりをかけて引き延ばし、木桶（採桶）の中に渦状に巻きながら重ねていく。

油の塗布はめん生地の表面が互いに付着したり、表面が乾燥することを防ぐためである。これを油返しという。また、使う油によって風味が異なってくることもある。

④細目、こなし（写真4―2⑤～⑥）

桶に巻き込んだ状態で3～5時間程度ねかせた後、再び油を塗りながら網目機にかけてしだいに引き延ばしていく。さらに、こなし（小均）機にかけて細く延ばす。

⑤掛巻《かけまき》（かけば）（写真4―2⑦）

④の作業を数回繰り返して、7～8㎜程度の太さになったところで掛巻き機にかけ、2本の細い竹の棒の間にひも状のめんを8の字の形にあやがけし、引き延ばしを行う。この工程を「掛巻（かけば）」という。

⑥小引き（写真4―2⑧～⑨）

あやがけしたものを二つ折りにして室箱でねかせた後、一方の棒を固定したまま片方を数回引っ張ってさらに細長く引き延ばす。この工程を「こびき」という。

⑦はたがけ（写真4―2⑩）

最後に、めんをはた（織）にかけて、さばきという大引き（箸分け）を入れ、2本の竹の棒の間隔が2mくらいになるまで引き延ばす。

⑧ **乾燥**

近年では衛生上、室内乾燥が多いが、伝統的製法では屋外で自然乾燥させる。外気の湿度が低くてめんの表面の乾燥が早すぎるときには、室内に入れてめん表面に水分がにじみ出るのを待って、再び屋外に出す作業を繰り返す。

⑨ **切断・結束**（写真4—2⑪～⑬）

長いめんを一定の長さに切断して、箱詰めする。

⑩ **やく（厄）**

結束、箱詰めしたものは梅雨期を過ぎるまで倉庫内で保存され、熱を生じさせる。この熱のためにそうめんには酵素の作用によって「脂肪酸とグリセリン」を分離させて変化をきたし、そうめん特有の「やく」という熟成が行われ、独特の風味が生まれてくる。

写真4－2　手延べそうめんの製めん作業

① 午前4時　捏前作業

② 午前5時
混捏《こんねつ》作業（生地をこねる）

③ 午前6時
圧延・板切り作業（均等に圧延後、8㎝角で渦巻状に切断する）

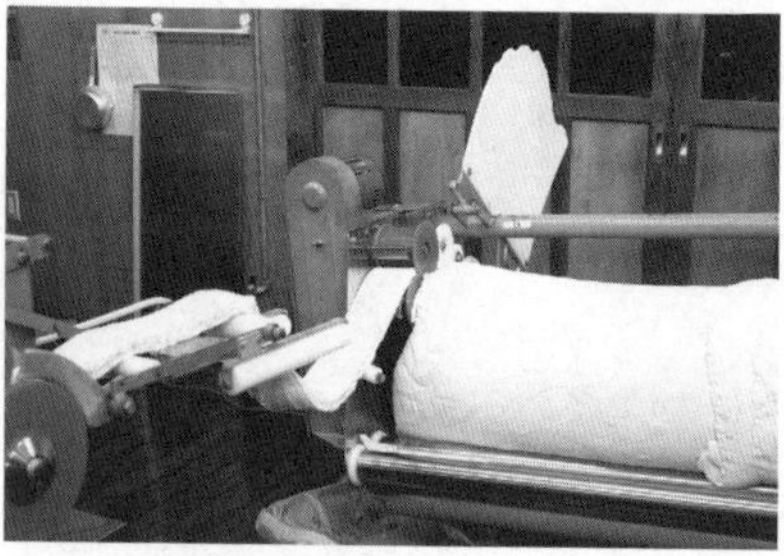

④ 午前7時
油返し作業（丸状にし綿実油を均一に塗布する）

⑤　午前10時
細目作業（12・5㎜のロールを通し再度綿実油を塗布する）
※油返し作業後、3時間熟成した後、行う作業

⑥　午前11時
こなし作業（6・3㎜の丸ロールを通し採桶に巻き入れる）
※細目作業後、1時間熟成した後、行う作業

⑦　午後3時
掛巻作業（2本の竹管に8字型に掛け付ける）
※こなし作業後、4時間熟成した後、行う作業）

⑧ 室箱（むろ）（掛巻きしたものを熟成する箱）

⑨ 午後7時
小引き作業（翌日の温度、天候を勘案して約50ｍ位に引き延ばし、二つ折りして乾燥を防ぎ12時間の熟成に入る）

⑩ 二日目午前7時30分
門干し・乾燥作業（屋外で引き延ばし乾燥しながらハシで上・下から分け麺線をさばき2ｍまで延ばす）

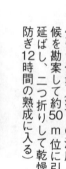

⑪　二日目午後1時
切断作業（乾燥したそうめんを19㎝に切り揃える）

⑫　午後4時
結束・計量・箱詰作業（切断したそうめんを50ｇに検量し、1把として結束箱詰）

⑬　製品検査

2 機械めん

機械による製めんは、基本は手造りの製法を機械化、自動化したものであるが、やはりできあがっためんの品質に違いがある（写真4―3）。最近では、手打ちめんへの見直しが強く、手打ち風製めん機も開発されている。

機械による製法としては、まず手打ち式が機械化された形で線切り方式が登場した。明治16（1883）年、佐賀県の真崎照郷が行ったロール機による機械製めんがその最初とされ、それが今日の製めん業に発展している。

その工程は、図表4―1、図表4―2に示すように、1)生地の混練（混捏）、2)圧延、3)切り出し、が基本である。

(1) 混捏《こんねつ》

手打ちめんにおいて、小麦粉を食塩水と混ぜて（混合）、生地を手こね、足踏みでこねる（捏和）までの作業が、機械製めんではミキサー（混練機）で行う混捏工程に相当する。

1) 工程の概要

① 混合

ミキサーの第一の役割が混合である。小麦粉、そば粉など原料粉がこの段階で均質に混合されていないと、その後の捏和工程で時間を要したり、できためんの品質に影響する。これは攪拌型混合機の切り込みによって加水前に行われているが、粉体を均一に混合することは難しい。そこで原料粉の最大粒が楽に通過できるほど、目の粗いふるいを通すことが行われている。

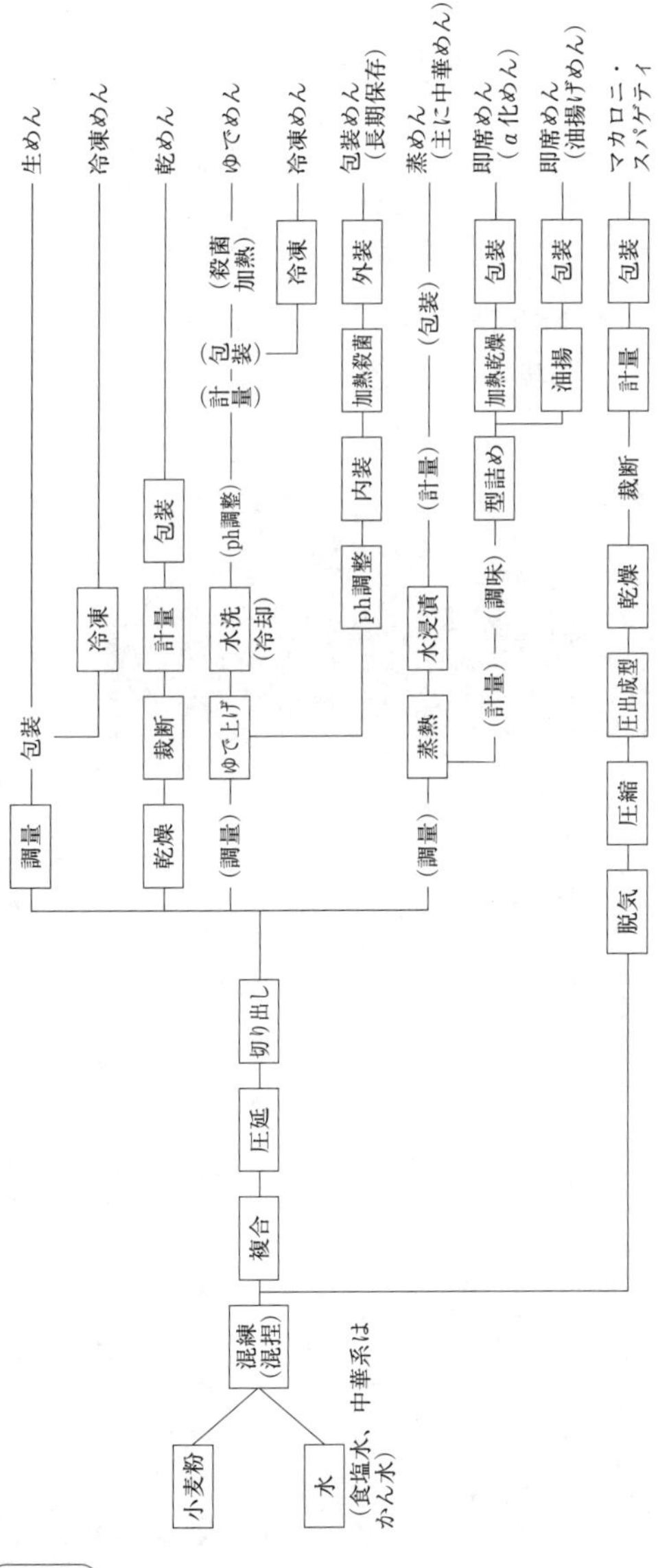

※（ ）内の工程は行われないこともある。

図表4－1 めんの製法

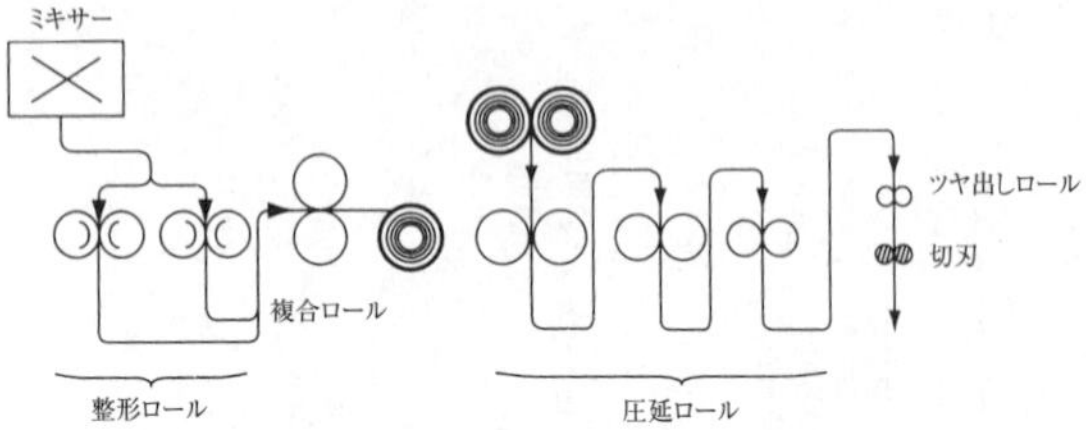

資料：食品産業新聞社「新めんの本」

図表４－２　連続製めん機

写真４－３　連続製めん機

機械製めんにおける加水量は30～50％である。加水混合はこれまで攪拌型混合機で行われてきたが、連続式加水装置も開発されている。これは散粉機と噴霧機を組み合わせたような装置で、小麦粉粒子に微細な水粒子を吸着させる仕組みである。

噴霧加水は、比較的均一に混ざるが、捏和効果が小さいため、ねかしを十分に行ってから加工しなければならない。

前述のように、あらかじめ食塩は水に溶かして調整した食塩水として加えるが、この食塩水の温度を高めてから加えるようになっている。混合時間が短縮されて生産効率が向上するだけでなく、加水状態がよくなって、生地の品質が向上するからである。

②　捏和

捏和によって小麦粉のグルテン形式を促進させるが、機械製めんにおいても時間をかけて安定した網目構造を作らせることが必要である。

加水量40％程度の生地はかなり硬く、捏和を短時間で行おうとして、ミキサーで高速の強い力をかけると、形成されたグルテンの網目構造が切断されてしまう。

③ 熟成

ミキシングした生地は、圧延ロールにかける前に放置して、熟成させる。

生地は、顆粒または団塊状で、生地と生地の間に空気が存在し、これが水和の均一化を妨げている。このため、この熟成には、後述するめん帯での熟成よりも時間がかかる。

2) 混捏の要因

混捏では、次のような要因が工程の効率やめんの品質に影響してくる。

① 原料小麦粉の品質と水分量

原料小麦粉の水分が多いと軟らかい生地ができ、水分が少ないと硬い生地になる。ただし、これは後の加水段階で調節することができる。

乾めんは最終的に乾燥させるので、単純に乾燥効率からいうと加水量は少ないほうがよい。しかし、加水量が少ないと、グルテンの形成が進みにくく、複合部分の接着が乾燥によって悪くなることがある。水分が多いほうがゆで時間が短く、食味もよくなることから、生めんの製造において加水量を多くする傾向がある。

たん白質含量が高いと、グルテンの形成は進むが、生地が不均質になりやすく、混捏に時間がかかる。ミキサーによる混捏で生地はおからやそぼろのような粒状の固まりになるが、グルテンが多いほど粒が大きく不揃いになるからである。

また、小麦粉の損傷でん粉が多くなると、でん粉の吸水力が大きくなり、グルテンに使用される水分量が少なくなるので、グルテンの形成ができにくくなる。このような場合には、加水量を増やす必要がある。

(参考)

全国乾麺協同組合連合会では、加水量38%以上(食塩を含む)の場合を「多加水」と呼ぶことにしている。

② 食塩の濃度

食塩は、グルテンの弾力性を高める効果がある。しかし、食塩はグルテン形成においては水と反対の作用がある。すなわち、食塩を多くするとグルテンの形成が行われにくくなり、生地が軟らかくなって製めんに適さない。このとき、水を加えると、生地がまとまりやすくなる。

食塩は、このように製めんやめんの品質に影響してくる。あまり加えすぎると味覚的にも塩味が強くなるので、多くても7%くらいが限度とみられる。ただし、乾めんの場合には、ゆでる段階で塩分が湯の中にほとんど(約80~90%)溶け出るので、あまり問題にはならない。

(参考)

全国乾麺協同組合連合会の自主基準として定めている「乾燥麺類の栄養成分表示」では、食塩についてはゆでた後の数値を枠外に目立つように表示するよう指導している。

③ 温度の影響

低温では、グルテン形成が行われにくくなる。

製めんの混捏では、20度以下になるとグルテン形成が著しく低下する。

一方、温度が高いほうがグルテン形成は進むが、45度くらいまで高くなり過ぎると酵素活性が低下するなど、生地が不安定になるため好ましくない。こうしたことから25~30度が適温とされる。

また、温度は生地の硬さにも関係する。温度が高いと生地は軟らかく、低いと硬い。

3) ミキサー（混練機）

ミキサーには、横型、たて型、混捏型の3種類があり、このうち製めんに利用されるのは横型、たて型で、混捏型は製パン用である。

かつてはバッチ式が主流であったが、原料を自動的に供給する効率的な連続式が普及している。

混練時間は15分程度が普通だったが、生地の水分を多くする多加水傾向が強まるにつれて10分以下に短縮されることもある。

新しい方式として、内部を機密にして真空中で混捏を行う真空式ミキサーも登場している。コシの強いめんが得られることから、生めん、とくに中華めんの製造で評価されている。

(2) ロール成形、圧延、切り出し

ロール成形、圧延、切り出しの概略は図表4—3のようになっている。

① ロール成形

手打ちでは生地をめん棒で延ばして薄い円盤状にするが、機械製めんでは回転する2本のロールの間を通して成形する。

前述のように生地は粒状になっているが、ロールの上からこの生地を押し込むと帯状のめん帯にな

る。最初の段階のめん帯を粗めん帯といい、このロールを成形ロール、あるいは粗めん帯機と呼んでいる。

② **複合**

ロールを1回通っただけの粗めん帯は、グルテンの形成が不十分で、不均質でめん帯としての強度も弱い。そこで、2枚の粗めん帯を重ねてロー

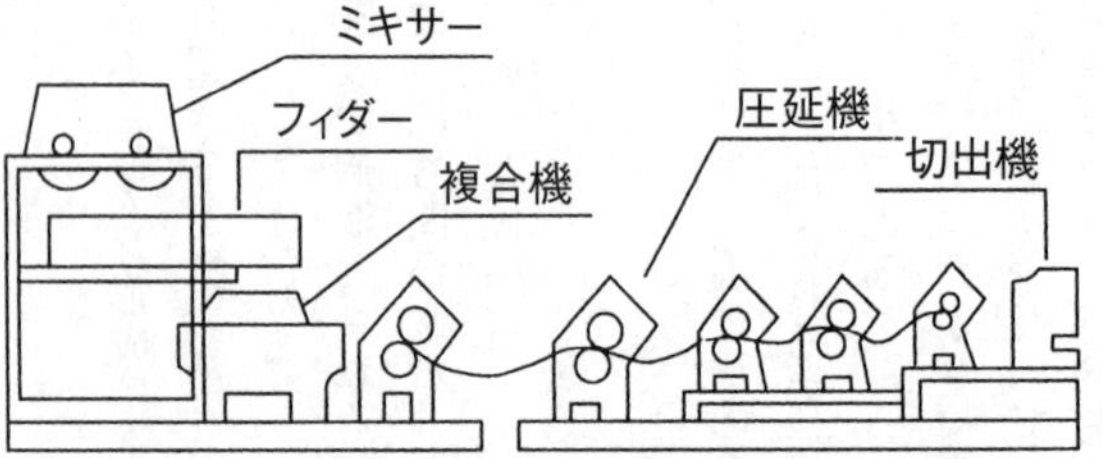

図表4－3　ロール成形、圧延、切り出しレイアウト

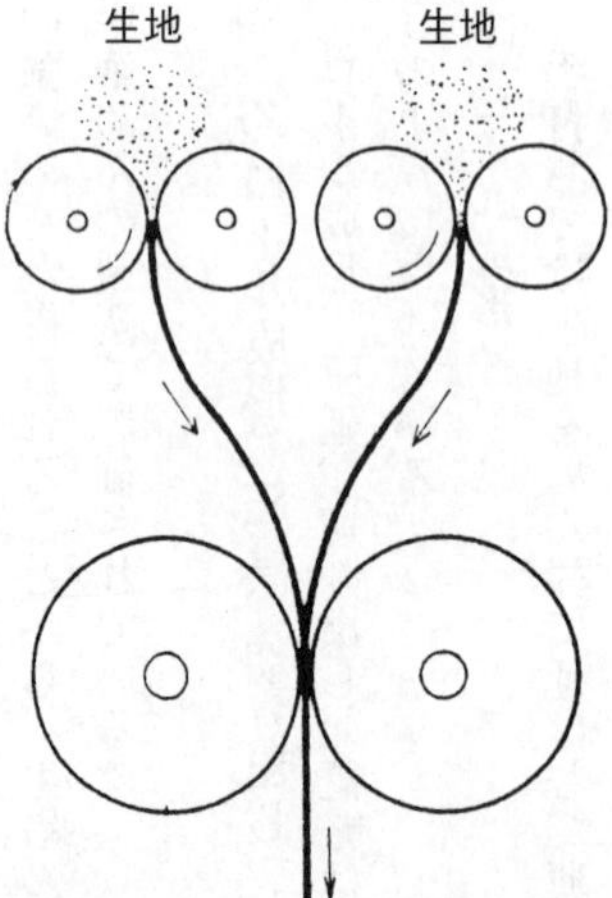

資料：食品出版社「うどんの技術」

図表4－4　めん帯複合機

ルにかけて再び圧延する。これは手打ちの足踏みの段階に相当する工程である。ここでめん帯は6～10㎜程度の厚さになる。

このめん帯複合機は図表4―4のような仕組みになっており、複合ロールあるいは合わせロールと呼んでいる。また、前段階の成形ロールと組み合わせて複合ロール機、あるいはめん帯機といっている。

ところで、生地の温度が高く、室内との温度差が大きすぎると圧延加工中にめん帯表面が乾いて荒れることがある。また、ロール表面とめん帯の温度差が大きいと、めん帯がロールに付着しやすいことがある。

③ 熟成

足踏みの終わった生地はまるめて玉取りし、ねかせるが、機械製めんでもめん帯をめん棒に巻いてねかせ、連続式ではめん帯をコンベアに置いたままで熟成させることが多い。

この熟成装置には、多段方式、ゴンドラ方式、ライパー方式などがあり、自動化、省力化が可能で衛生的ではあるが、それぞれ欠点がある。多段方式は、装置のスペースが大きく、イニシャルコストが高い。ゴンドラ方式は、たて型であるため高さが必要であり、ライパー方式は、多加水にするとめん帯がのびやすいなどである。

(参考)

全国乾麺協同組合連合会では、「熟成」の用語を表示する場合、生地熟成30分以上、めん帯熟成30分以上の商品にのみ使用を認めている。

④ 圧延

めん帯を一度に圧延するのではなく、何回にも分けて一定の厚さにする。その場合、手打ちでは生

図表4－5　切り刃によるめん類の分類とJAS規格

区分	ひらめん				うどん					
JIS 番手	5		6		8	10	11	12	14	16
㎜	6.0		5.0		(3.75) 3.8	3.0	2.7	2.5	2.1	(1.88) 1.9
JAS規格	幅　4.5以上 厚　約2.0未満				長径　1.7以上					
区分	ひやむぎ				そうめん					
JIS 番手	16 18	20	22	24	24 26	28	30	36	38	42
㎜	(1.67) 1.7	15	(1.36) 1.4	(1.25) 1.3	(1.15) 1.2	1.1	1.0	(0.83) 0.8	(0.79) 0.8	(0.71) 0.7
JAS規格	長径　1.3以上～1.7未満				長径　1.3㎜未満					

地をめん棒に巻く方向を変えて多方向に延ばすが、機械ではそれができない。したがって、生地の網目構造にある程度方向性が出てくるのが手打ちとの大きな違いであり、機械製めんの特徴である。

　このロールを圧延ロールあるいは延ばしロールといい、3～5対のロールが組み合わされている。

　最終的なめん帯の厚さは、ゆでうどん2～3㎜、乾めん1～2㎜、生中華めん約1・5㎜が標準である。

⑤切り出し

　生地の形成しためん帯は、最後に切り出しロールにかけて線切りにする。

　手打ちの包丁に相当するのが切り出しロールである。これには通常使われる押し切り型の角刃のほか、包丁刃（薄刃）、丸刃などがある。

　めん帯はこのロールで適当な幅に切ってめん線

にするが、このため各種の幅の切り刃がある。ちなみにJIS（日本工業規格）では30㎜幅を何本に切るか、その本数で番手を決めている。図表4—5に切り刃の種類と用途を示す。

一般的な切り出し速度（毎分）は、ゆでめん8m、乾めん15～28m、生中華めん8～10mである。

切り出されためん線は、一定の長さに切断されて製品となる。

(3) 乾燥

1) 乾燥の目的と条件

乾めんは、生めんを乾燥させて造るが、生めんの組織は結合力が弱いので急速に乾燥させると、乾燥工程の途中で割れたり、折れたりする。

めんの水分は表面から乾燥していくので、表面の乾燥が早すぎると内部の水分が表面に拡散移行してくるのが間に合わず、表面ばかりが乾燥して、表面と内部との間にひずみが生じて亀裂ができやすい。このため、めんの表面からの水分の蒸発と内部からの水分の拡散移動とがバランスよく進むように、周囲の湿度を調整しながら乾燥を行う調湿乾燥が採用されている。

この場合の湿度は70～85％と比較的高い。

一般に、乾燥温度が高く、乾燥の初期ほど湿度は高くなければならない。

また、めんの条件によっても乾燥速度は違ってくる。めんが太くなると、表面積が大きくなり、水分の乾燥が早いので湿度を高くする必要がある。生地に加えた食塩量や原料小麦粉のたん白質量は水分の移動に影響する。食塩は乾燥を遅らせるので、少ない場合にはそれだけ湿度は高いほうがよく、また、湿度が低く表面の乾燥が早すぎる

写真４－４　連続移行式乾燥装置

ときには加える食塩量を多くすればよい。たん白質量は少ないほど高い湿度が必要である。

2) 乾燥装置

乾めんは、昔は自然のまま外気温によって定置式（または置式）乾燥が行われていたが、移行乾燥装置が開発され、工場規模が拡大するにつれて連続式室内乾燥が導入されるようになった（写真４－４）。

乾燥装置では、外気を入れたり、加熱したり、湿度の高い室内空気を排出したりして、温度と湿度を調整しているほか、補助的に除湿器を備えている場合もある。こうした外気を利用する場合に、季節や天候などの影響を受けやすいことから、大型工場では空調を行い、一定の温度と湿度の空気を循環させる方式が導入されている。

定置式（置式）室内乾燥では低い温度で長時間乾燥することになるが、小規模工場では乾燥温度35度程度でも一夜放置するような10時間以上にも及ぶ。比較的大型化した連続式移行乾燥装置では、温度が35～45度、乾燥時間はめんの太さで異なるが６時間前後がふつうである。

3) 乾燥工程の概要

めんの乾燥工程は通常、予備乾燥、主乾燥、仕上げ乾燥の3段階があり、移行式では乾燥室が以下の3つにわけられている。

① 予備乾燥

棒にかけた生めんは、それ自体の重みで延びてくるので、急速乾燥によって防止することが目的である。これをめんの「足どめ」と呼ぶ。

生めんは水分が多いので、急速に乾燥させてもめんの亀裂や温度の上昇などの心配がない。

予備乾燥は、通常1時間程度行い、生めんの水分は30～32％だったものが27～28％になる。

② 主乾燥

めんの表面の過度の乾燥を抑えるために調湿乾燥を行う。乾燥条件は温度35～45度、湿度70～80％で、めんの水分は15～16％まで低下する。

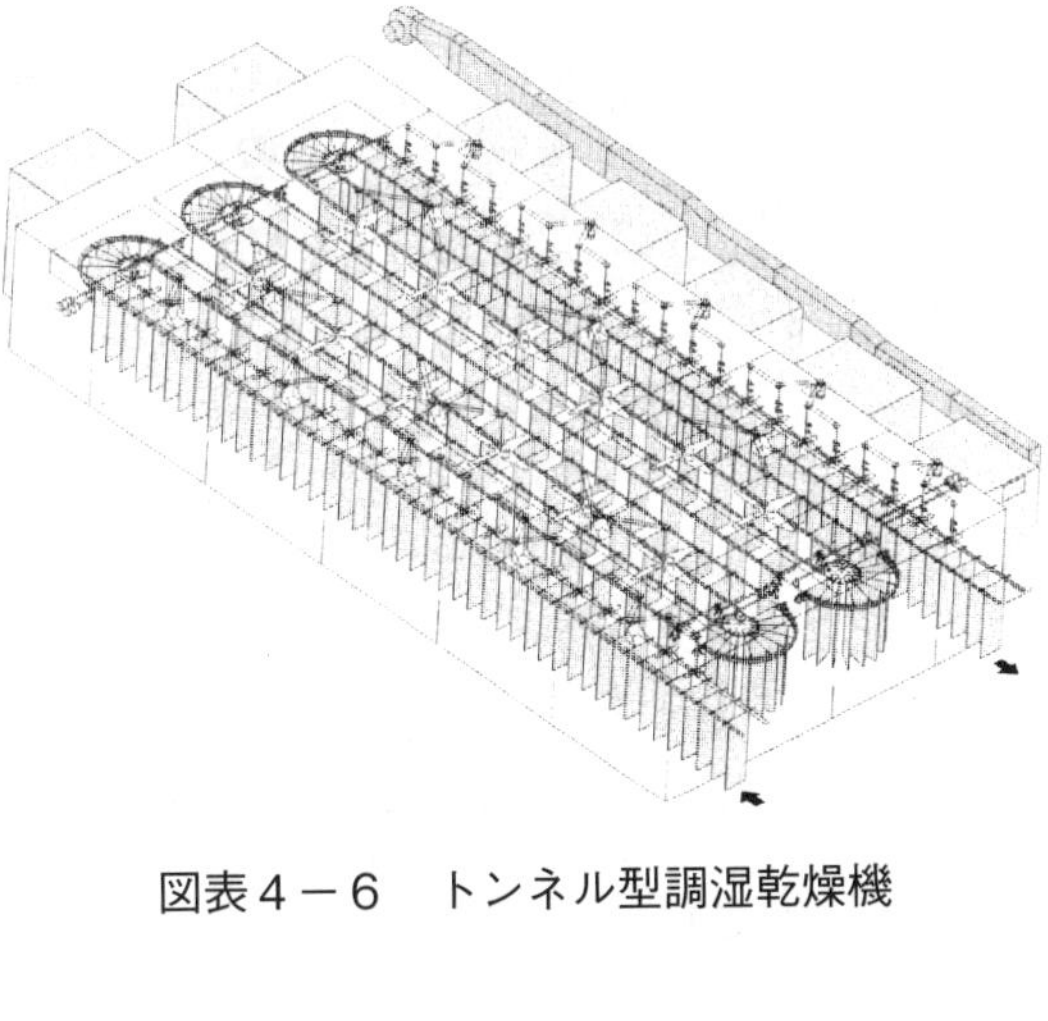

図表4－6　トンネル型調湿乾燥機

③ 仕上げ乾燥

この工程では、主乾燥で上昇しためんの温度を室温までゆっくりと冷却し、同時に一部乾燥も行う。冬季のように室温が低いときには、冷却温度差が大きいのでめんにひび割れを生じやすい。したがって冷却時間を十分にとる必要がある。

干しそばは混捏時の加水量が30％程度と少ないが、同じように乾燥させる。しかし、そばは酵素活性が高く大切な風味が失われやすいため、乾燥温度もほかのめんよりも低いことが望ましい。

また、加熱した空気で乾燥させる場合、めん帯の温度も上昇しているが、めん帯温度が室内よりも限度を超えて高いまま裁断し、放置しておくとひび割れを生ずる。これは、めんが断熱冷却されることが原因であるから、めん帯を室温近くまで冷却してから断熱すればよい。

その他乾めんの乾燥方法として、短時間乾燥を可能にした「トンネル型調湿乾燥機」もある（図表4―6）。

(4) めんの再生処理

乾めんの製造工程は生めんとほぼ同じであるが（図表4―7）、乾めん特有の工程として、くずめんの再生処理がある（図表4―8）。くずめんは、主に最終段階の裁断で発生するものであり、その他、乾燥工程で出る落折れめんなども含まれる。

くずめんの発生量は、原料小麦粉の10～20％にも及び、乾めん製造における処理の大きなポイントになっている。

くずめんは主として粉砕機で粉砕して粉末にするが（写真4―5）、水に浸漬するか、粉砕してから浸漬してふやかす方法も採られている。こうしたくずめんは、新しい生地に混ぜて混捏され、再生使用される。

　この場合、食塩の加える量に注意する必要がある。すなわち、くずめんにはすでに食塩が含まれているので、それを考慮して混合する食塩水の量を決めるのである。この場合の食塩量は、たとえば、くずめんを20％、小麦粉を80％で製めんする品質管理が5％の場合は、

（100－20％）÷（100－5％）×5≒4・2

となる。

写真4－5　乾めんの再処理機

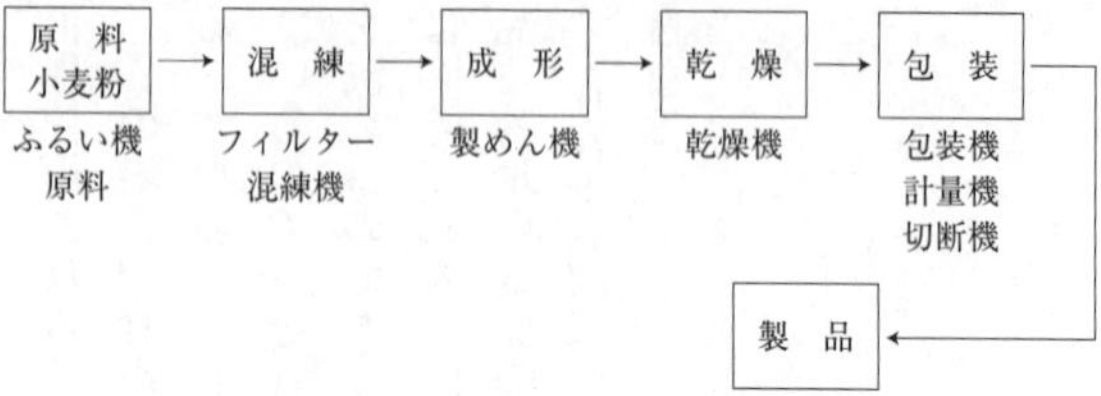

図表4－7　乾めんの製造工程図

再生粉取り扱いマニュアル（案）

会社名

(目的)
第1条　乾めん類を製造するに当り、「端めん」の発生は必要不可欠であることから、その取り扱いについて定め、衛生的管理の徹底及び不適正な表示を排除することを目的とする。

(再生粉の定義)
第2条　再生粉とは、乾めん製造の裁断時に発生する「端めん」を主体としたものを粉末又は短めんにしたものをいう。

(再生粉の使用)
第3条　再生粉の使用に当たっては、製めんするめんに配合されている原材料と同一製品に使用するものとすること。

(再生粉の管理)
第4条　再生粉の管理は、種類別に区分し、その種類が識別できる表示を付すること等により誤用を防止すること。
2、使用前に必ず再生粉の種類を確認すること。
3、再生粉の使用については、製品毎の品質管理基準に種類、配合割合等を記載し、品質管理記録表に記録・保管すること。

(再生粉の識別)
第5条　再生粉の識別を明確にするため、再生粉ごとに識別表を作成、表示することによって保管し、在庫管理すること。

附則：　年　月　日から実施する。

図表4－8　くずめんの再生処理

第５章 めんの科学

１ 生 地

(1) グルテンの形成

小麦粉を水でこねて生地を造り、団子状にまるめたものを水中でもむようにしていると、白色のでん粉がしだいに溶け出して、黄褐色のガム状の固まりが残る。この弾力性と粘着性をもった固まりをウェット・グルテン（湿麩）と呼んでいる。

穀物の粉のなかで小麦粉だけが、このようなグルテンを形成する特徴をもっている。小麦粉からパンやめんを造ることができるのは、この特性によるのである。

グルテンとは、水に不溶性のたん白質であるグリアジンとグルテニンが図表５―１のように組み合わされてできる。グリアジンは粘着性のある液状の物質であり、グルテニンはゴムのように弾力性がある物質で、グルテンはちょうど両者の性質を合わせもっているわけである。

(2) めんの生地の構造

手打ちと手延べのめんでは、生地の構造が根本的に異なり、めん質に大きな差がある。それは、手打ちうどんと手延べそうめんを比べるとわかりやすい。

めんの生地はグルテンが形成され、立体的な網目構造が成り立っているが、手延べはそれを一方向によりをかけながら引っ張って細くしてめんにする。そのため、網目構造がめんの長さの方向に配列し、しかも網目がロープのように密に束によられているから弾力性があり、細くても強度の強いそうめんのようなめんができる。

一方、手打ちは、生地を放射状に展延してそれを細く切ることから、めんのグルテン構造は方向がなく、しかも切断されている。したがって、めんの強度は手延べにくらべて弱い。

図表5—2は、めんのグルテンの状態を略図化したものである。また、写真5—1は、手延べめん、手打ちめん、機械めん、それぞれのめん断面の顕微鏡写真である。

手延べめんはグルテンの網目構造がしっかりとできていて、網目の間にでん粉粒が包み込まれている。また、60倍の写真では、めん線方向に無数の穴があいているのがみられる。これは、グルテンがめん線方向に配列していることを示すもので、手延べの特徴である。

また、手打ちめんの写真でもグルテン構造の形成されている様子がわかるが、気泡による空洞は手延べめんより少ない。これは足踏みなどで脱気されたためとみられる。

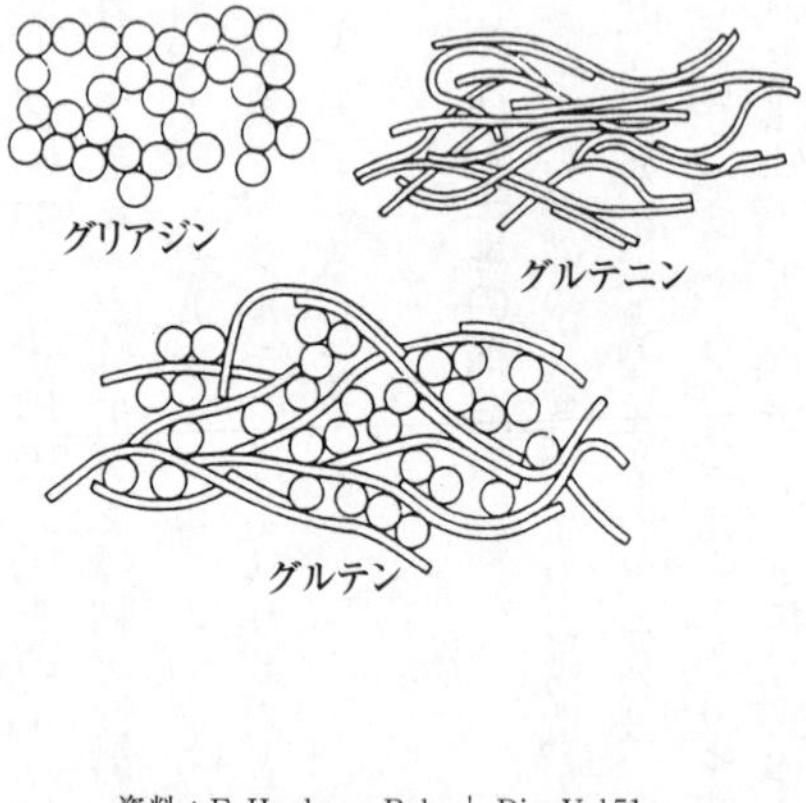

資料：F. Heubner, Baker's Dig. Vol.51

図表5－1　グルテンの構造

こうした生地の構造の違いから、めんのゆで時間や食感に違いが現れてくる。すなわち、同一条件で比較すると、ゆで時間は一般に手打ちのほうが短い。これは手打ちのほうが吸水は速いからとみられている。

そうした特徴をうまく利用して、それぞれのめんのよさが生まれてくるわけである。そうめんは細いにもかかわらず、ゆでても形が崩れず、口に入れたときに硬くしゃきっとした食感が味わえる。一方、手打ちうどんは、太くてもゆで上がりが早く、もちのような軟らかい食感が得られる。手延べのうどんも造られているが、芯の硬さが残ってしまいゆで上がるのに時間がかかり、うどん特有のもちのようなソフトな食感は得られない。

顕微鏡写真をみると、手延べめんと機械めんではさらに大きな違いが出ている。機械めんの場合、

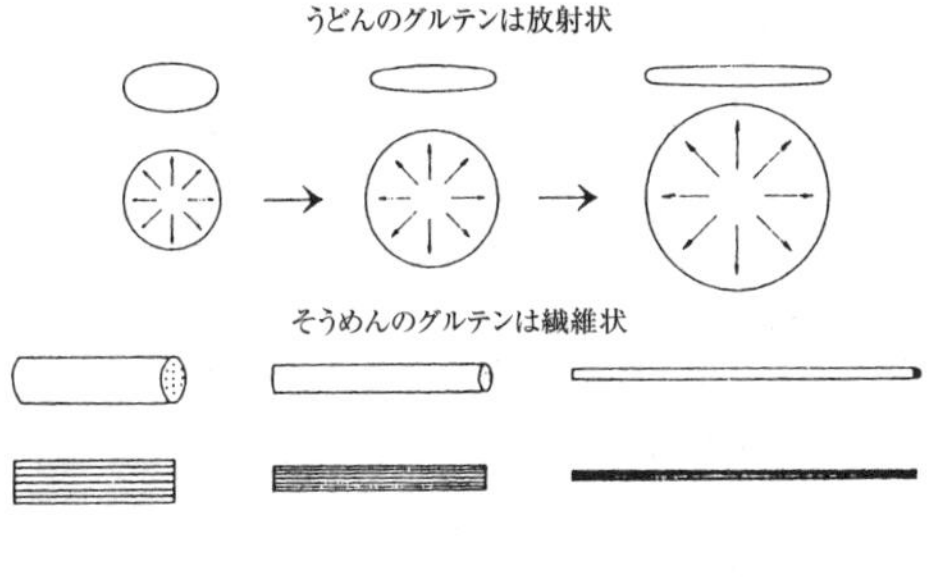

資料：食品出版社「うどんの技術」

図表5－2　手延べ、手打ちのグルテン方向の違い

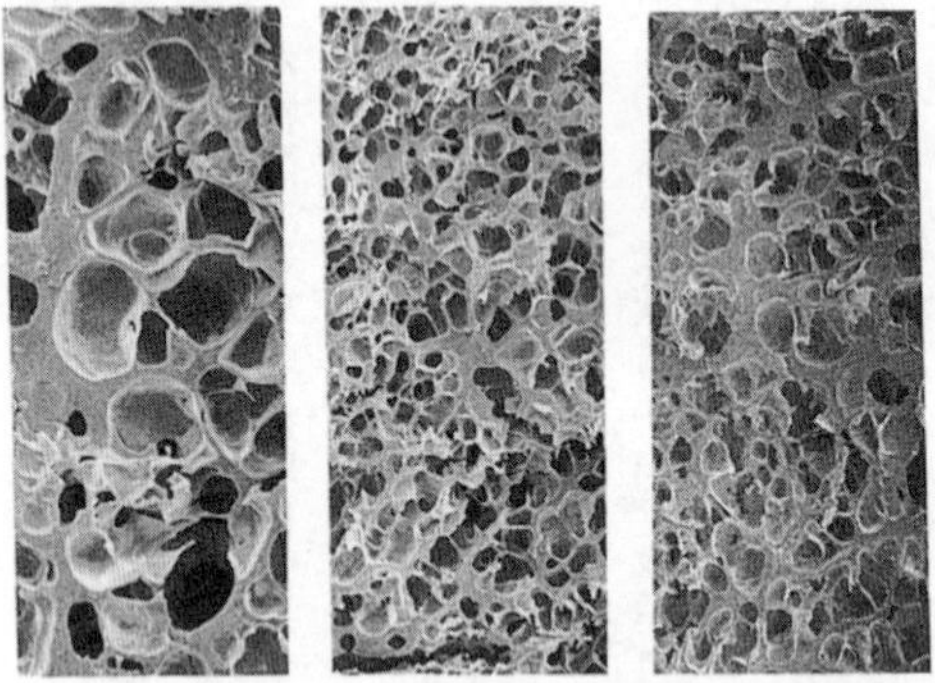

写真５－１　手延べ、手打ち、機械めんの顕微鏡写真

ロールの圧力でたて方向に延ばされるが、延ばしが少ないのでグルテンの横方向のつながりが悪く組織がばらついている。このため手延べに比べて歯切れのよさに欠けるのである。

手延べめんと機械めんを見分けるには、その断面をみればわかる。手延べは、細くても断面空気穴があるが、機械めんにはそれがないからである。

2　熟　成

食品の製造では、さまざまな分野で多種多様な熟成が行われるが、共通していえることは、これによって製品の品質を向上させるのである。

(1) ねかし（熟成）の効果

製めんにおける熟成は「ねかし」と呼ばれてい

るが、それには次のような効果が期待されている。

1) 生地の混捏後、生地の水和を均一化し、グルテンの形成を促進させる。

2) 圧延、複合工程の後、グルテン構造のひずみを緩和させ、めん帯の機械適正を向上させる。

3) めん生地、めん帯、めん線の脱気を促進させる。

4) 製品の風味、食味をよくする。

このうち主要な効果は、1)と2)である。

① 水和とグルテン形成の促進

水和は、小麦粉と水がなじむことであるが、生地をねかせることで、水が小麦粉粒子の間によく分散して均一に混ざる。これによってグルテンが形成され、粘弾性のある生地ができてくる。

機械製めんにおける加水量は30〜40%であるが、これだけの水分ではグルテンの形成に十分ではない。そこで混和が必要となるが、激しいミキシングを行うとグルテンの網目構造が破壊されてしまう。

こうしたことから撹拌型ミキサーでは、水和が早く均一に効率よく進むように、羽根の構造や回転スピードを工夫している。

また、混捏型ミキサーでは時間をかけて生地を造るように設計されており、連続型高速回転ミキサーでは、できるだけ摩擦などの力が働かない構造になっている。

手こねや足踏み、あるいは機械による混捏にしても、それだけでは水和とグルテンの形成が不十分なので、ねかしを行うのである。

② めん帯のねかし

効果的な熟成として、生地の圧延、複合後のめん帯のねかしがある。

生地を圧延、複合してめん帯を造るが、できためん帯はロールの大きな圧力がかかったため、内部構造が変形してゆがみ、不自然な状態にある。これをしばらく放置しておくと、自然の状態に戻ることができるわけである。また、熟成を経て、不十分であったグルテンの形成において、横のつながりができて網目構造が強化される。これによって、めん帯に柔軟性が出てきて加工しやすくなる。これがめん帯の熟成である。

図表5―3に、熟成による生地の伸張力と抗張力の変化の一例を示すが、最初の30分くらいの間に熟成が大きく進んでいる様子がわかる。

この緩和は加水量の多少、温度などで変わり、加水量が多いほど、また、温度が高いほど速いが、10分以上のねかしがあれば、ある程度の効果が期待できる。

③ 生地の脱気

めんの生地は、熟成で水和が進むと同時に脱気され、機密になるとみられている。

ミキシングによって生地に空気が抱き込まれ、密度が低下するが、熟成の間に脱気されて密度が増加するわけである。

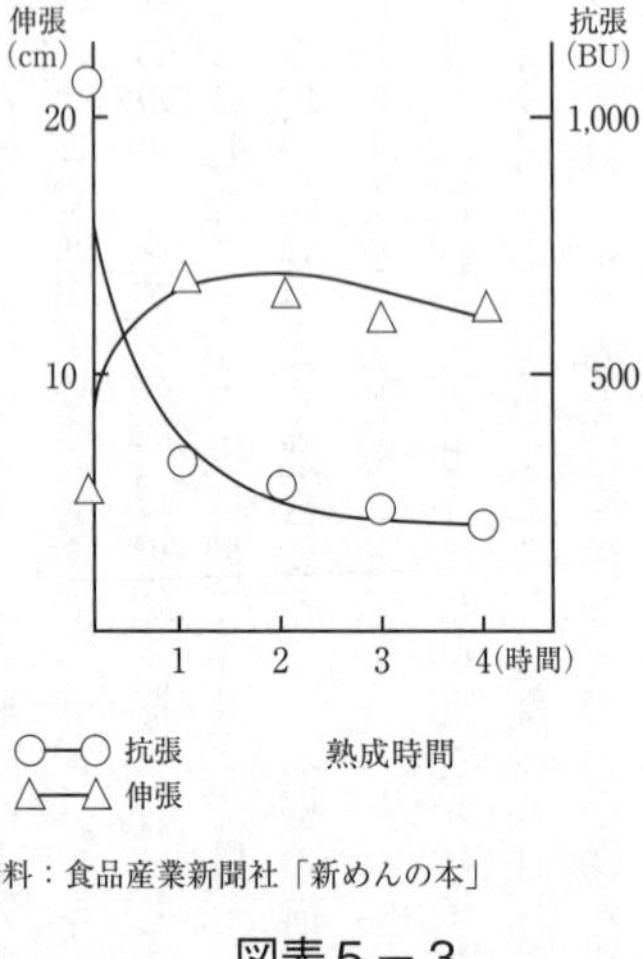

資料：食品産業新聞社「新めんの本」

図表5－3
めんの熟成による抗張力の変化

こうした熟成の脱気作用を取り入れた真空めん帯機も開発されている。

(2) 手延べそうめんの厄

写真5－2　手延べそうめんの"厄"

手延べそうめん特有の製品の熟成に「厄」がある。

手延べそうめんは冬の間に造られ、昔から梅雨を越えたものがおいしいといわれてきた。製品は木箱に詰めて保存し、梅雨期をすぎてから出荷される（写真5―2）。保存中にめんの質が変化して、ゆでたときの硬さや弾力性が増すからである。この変化を厄と呼んでいる。

こうしためん質の変化は、そうめんやひやむぎにとっては好ましいが、うどん、ひらめんのような太いめんではマイナス要因となる。

この変化は、そうめんを延ばす際に塗る食用油がグルテンと結合し、グルテンと水との親和性を弱めることから生ずると考えられている。

(3) 熟成に及ぼす要因

熟成を効果的に行うには、温度、加水量、食塩濃度、時間などに注意を払う必要がある。

① 温度

生地の水和やグルテン構造の緩和などは温度が

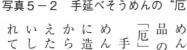

高いほど速く進むが、熟成温度には限度がある。グルテンは40度くらいになると凝固しはじめ、硬くなり、もろく壊れやすい。また、35度前後でカビや酵母など微生物の働きが活発になり、生地の変質や腐敗を引き起こす。

② 加水量の影響

生地の加水量が多いほどグルテンの形成は速く、熟成時間も短くなるが、作業性、機械適性が悪くなる。

そのため、とくに機械めんでは、小麦粉に加える水の量はグルテンの形成に十分ではない。そこで、熟成や圧延などを工夫しているが、作業性、機械適性が妥当なかぎり、加水量は多くしたほうがよいので、前述のように各工場で多加水化する傾向にある。

③ 食塩の濃度

生地に加える食塩のさまざまな効果について、すでに原料の説明で述べている。

熟成においては、生地を引き締める作用が重要である。すなわち、食塩を多く加えるほどグルテン構造が引き締まって（収斂《しゅうれん》）、生地の弾力性が増すが、グルテンの緩和は遅くなる。

これをうまく利用した製法が多加水熟成法である。水を多く加えると生地が軟らかくなるが、食塩濃度を上げることでグルテンを引き締めて機械の加工適性を向上させている。このことで手打ち風の機械製めんができるようになった。

第6章 ゆ で

1 ゆでる効果

(1) ゆで上がりの状態

乾めんは生めんを乾燥して造るが、どちらもゆでて食べることに変わりはない。めんの成分であるでん粉は、生のままではおいしくないし、消化吸収も悪いが、ゆでることで糊化（アルファ化）して食べておいしく、消化吸収のよいものになるのである。

しかし、めんのゆで上がりの基準は、かならずしも、すべてのでん粉が糊化することを意味しない。完全に糊化しなくても食べられ、ゆで上がりの硬さにはそれぞれの好みがあるからである。

ちょうどよいゆで上がりの目安として、昔は「芯が絹糸1本になったころ」とされていたが、現在では科学的な基準として、めんの水分含量が75%程度になった時点としている。

しかし、ゆで上がっためんの内部が均一な水分含量になっているわけではない。太いうどんでは表面と中心部の水分含量には大きな差がある。うどんのゆで上がった直後の状態をみると、表面付近が80%以上であるのに対して、中心部は40%程度と半分に近い。すなわち、表面は軟らかく芯はやや硬い状態であるが、うどんではこれがおいしい状態とされている。

(2) 乾めんと生めんの違い

乾めんと生めんでは、ゆで上がったときの食感

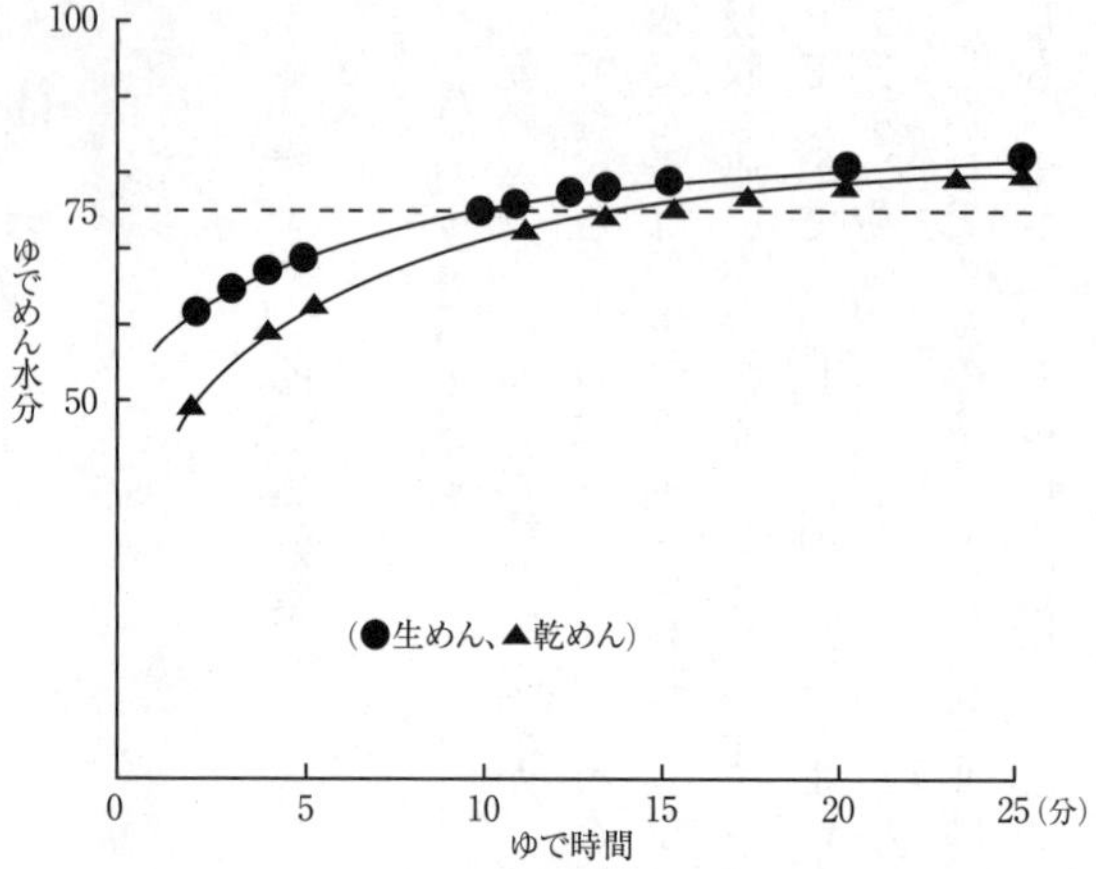

資料：食品産業新聞社「新めんの本」

図表6－1　ゆで時間とめんの水分

には大きな差がある。乾めんのほうが硬くゆで上がるのである。生めんと乾めんのゆで時間と水分の関係を示すと、図表6―1のようになっている。

そうめん、ひやむぎのような細いめんは、硬い歯ごたえがむしろ好ましいが、うどんのような太いめんには、もちのような粘りと軟らかさが必要である。どちらかというと細いめんは乾めんに適するが、うどん、ひらめんなど太いめんでは、生めんをただちにゆでたほうが粘りや軟らかさなどよい食感が得られる。

こうしためんの質的な変化は、乾燥によってたん白質が変化してしまうことが原因と考えられている。水和したグルテンが乾燥によって変化してしまい、水分含量を元に戻してもグルテンは元の弾力性のある状態には戻らないからである。それは、乾めんを粉砕した粉末に水を加えて生地をつくっても元

*1 乾燥時間	生めん 水分%	*2 ゆで 時間	茹めん粘弾性			*3 酢酸不溶性 たん白質%	食 感
			抗張力R g/cm²	伸張率E %	R/E		
0.0	32.8	10'40"	197	118	1.67	28.2	良
1.0	29.5	11'10"	205	110	1.86	28.5	生めんに近い
1.5	26.7	12'40"	235	101	2.32	32.3	やや硬い
2.5	20.6	13'25"	243	103	2.34	32.3	弾力感減る
3.5	19.0	13'55"	258	99	2.61	32.3	↓
6.0	17.4	15'20"	270	101	2.67	32.3	乾めん的
23.0	12.9	16'20"	304	105	2.90	33.4	食感強まる

資料：食品産業新聞社「新めんの本」
＊1　乾燥条件：30℃、70% PH
＊2　ゆで時間はゆでめん水分75%になる時間
＊3　全たん白質に対する比率（生めんについて測定）

図表6－2　乾燥による物性の変化

のようにはならないことからも明らかである。

図表6―2は、乾燥時間とゆで上がりの関係を示しているが、乾燥時間が長いほどゆでても硬く、生めんをゆでた状態からへだたってくることがわかる。

乾めんと生めんを比較すると、めんをゆでて同じ水分に達するまでの時間は乾めんのほうが長く、また、同一水分であっても食感が硬い。したがって、うどんのように軟らかさが好まれる乾めんでは、生めんと同じ軟らかさに達するまでに、さらに時間を要するわけである。

2 ゆで時間

(1) めんの太さとゆで上がりの関係

めんをゆでるには、沸騰している熱湯にめんを入れるが、それによってめんの表面から湯が浸透すると同時に、熱がめんの表面から内部に伝わっていく。その結果、めんは表面から内部に向かってしだいに糊化していくことになる。

めんを熱湯に入れてからめんの中心部が糊化するまでの時間が、めんのゆで時間である。

めんのゆで時間にもっとも関係の深い要素は、めんの厚みである。そして、ゆで時間は熱湯がめんの中心部まで浸透する速度に関係するが、その浸透の速度はめんの表面から中心部までの距離の2乗に比例することが実験によって確かめられている。すなわち、めんの太さが2倍になれば、ゆで時間は4倍になるわけである。

ちなみに、ある実験によると、厚み2㎜のめんを沸騰した熱湯に投入したとき、めんの中心温度が95度に上昇する時間は1分以内であったとの結果を聞いたことがある。

(2) ゆで時間の要因

めんのゆで上がり時間は短いほうがおいしさは得られ、早く調理ができることから好まれる。

ゆで時間を短くするには、一つにはめんの内部に水分が浸透する速度を高めることであり、第2にはめんが同じ水分含量でも軟らかくなるようにすることである。この2つの要素からゆで時間に関係する項目を整理してみると、次のようになる。

・めんを細く、厚さを薄くする
・たん白質の少ない小麦粉を選ぶ
・製めんの加水量を多くする
・製めんの加塩量を多くする
・めんの原料に馬鈴しょでん粉などを加える
・ねかし（熟成）時間を長くする
・ゆでる温度を高くする

このように、めんを造るときの加水量、加塩量が多いほどゆで上がり時間は短くなる。また、原料小麦粉のグルテン量によっても違ってくる。グルテンは加熱されると凝固して生地を硬くし、湯が浸透しにくくなる。ちなみに強力粉、中力粉、薄力粉でうどんを作ってゆで時間を比較すると、中力粉のゆで時間を基準にして強力粉1・6倍、薄力粉は0・6倍である。

加塩量を多くすると、ゆで時間は短くなる。これは、ゆでている間に塩分が溶出し、そのすき間に湯が浸透しやすくなるからと考えられている。しかし、加塩量が8％を超えるとグルテンが収れんしすぎて、むしろ網目の結合が弱くなり、切れやすい。

また、手打ちと比較すると、機械めんはゆで時間が長い。機械めんは、ロールで強い圧力をかけて延ばし、生地の組織が密につまっているので、湯が浸透しにくいからである。

こうしたことから、とくにゆでるのに時間がかかる干しうどんでは、ゆで上がりを早くするためにソフトな小麦粉を使用し、加水量を多くして造る方法（多加水製めん法）がとられている。

3 ゆで方

めんは、一般にゆで方が適正か否かで食味が大きく違ってくる。めんをおいしく食べる最大のポイントは、ゆで方にかかっているといっても過言ではない。

乾めんの商品には、ゆで湯量やゆで時間などが明記されているので、上手にゆでるには、こうしたゆで湯量、ゆで時間などをきちんと守ることが大切である。乾めんメーカーとしても、あいまいなゆで時間でなく、正確なゆで時間を表示することが大切である。

めんをゆでるときに注意しなければならないのは、煮崩れを防ぎ、適度の硬さ（軟らかさ）にゆで上げることであり、ゆでたら、ただちに食べることである。

めんの煮崩れは、めんの表面のグルテンの網目構造が壊れて、その中に包み込まれていたでん粉が糊化溶出してしまうことから起こる。これによって、ゆで上がりの歩留まりが悪くなり、おいしさも失われることになる。とくに、注意しなければならないことは、そうめんのように細物めんは手の臭いがめんに移るので、よく冷えてからもみ洗いすること。

(1) ゆで湯量

ゆで湯量は多いほうが好ましく、めんの量の10倍以上は必要とされているが、都会の台所の狭いスペースや省エネなどの点から、商品には必要最低限のゆで湯量が示されている（写真6—1）。

ゆで湯量は、めんの吸水量、ゆでる間に蒸発して逃げる量、残湯量の合計だが、残湯量があまり少ないと鍋底を焦がしてしまう。また、ゆで時間を長くすれば、それに比例して蒸発量も多くなる。

写真6－1
めんを泳がすようにゆでるのがコツ

めんの太さで必要最低限のゆで湯量も異なり、うどんのように太いめんは多くする必要がある。

ゆで湯量のおよその目安は、乾めん1袋（約250g）に対して、細いめんで1・3～1・5ℓ、太いめんで1・5～2ℓは必要であり、その際に使用する鍋の大きさは2ℓ容量で十分である。

めんをゆでるとふきこぼれやすいので、特別な深鍋を使用したり、ビックリ水を加えることがなされていたが、後述するように、これは火加減を調節できなかった時代のことで、ガスなど火加減を上手にすればかならずしも必要としない。

ところで、うどんのようにゆで時間の長いものだと蒸発して逃げる湯の量が多いが、ふたをすれば蒸発損失量はかなり低減できる。ふたをしない場合の蒸発損失量は47％であるのに対して、ふたをした場合は13％にすぎない。

（参考）

乾めん類のJASのゆで検査では、めん50gに対して水1ℓで試験を行っている。

ここでやっかいな問題がある。それはゆでる湯量である。乾めんメーカーとしては、乾めんのゆで時間を表示するが、消費者はたっぷりの湯量にこだわり、水→沸騰→ゆでる＝ゆで時間、とトータルで乾めんのゆで時間を考える。よって、解決法として、「湯沸器のお湯を使用して」といったアドバイス表示が望まれる。

(2) ゆでる水

ゆでるときの水質で、まず重要なのはpHであるが、水のpHよりもゆで湯になったときのpHで水質を判断することが必要である。ゆで湯のpHがめんのpHに近い値であれば、めんの溶出が少なくなるからである。

より正確にいうと、酸、アルカリの量が問題であり、ともに少ないほうがよい。自然水には酸の高い水はないが、アルカリ物質として主に炭酸塩、重炭酸塩が含まれている。これらは弱アルカリであり、とくに重炭酸塩はゆで湯の中で加熱されると炭酸ガスを発生して重炭酸塩になり、それにともないゆで湯のpHが急上昇して強いアルカリ性を示すことになる。こうした水でゆでると、めんの表面のグルテン結合が弱まり、煮崩れが起こる。

昔からの口伝で、ゆで湯に梅干を入れることを勧めているが、これは酸性である梅干を入れることでゆで湯のアルカリを中和し、微酸性にすることを意味している。

水の硬度も、かつてはゆで溶けに関係するといわれ、生めん工場ではイオン交換樹脂などで軟水に換えていたが、めんの溶出にはほとんど影響がないことがわかってきた。カルシウムが溶出に直接関係するのではなく、重炭酸カルシウムが前述のようにアルカリ性を示すためと考えられている。すなわち、カルシウムが存在して水の硬度が硬くても、重炭酸カルシウムとして存在しなければ（たとえば硫酸カルシウムなど）、ゆで溶けに影響することはない。

ただし、自然水では硬度が高いと一般にアルカリ度も高いことが考えられるので、硬度をその目安とすることはできる。

このようなことから、製めん工場でゆでめんを造るときには、pHだけでなくアルカリ度をチェックし、必要な場合にはゆで水にpH調整剤を添加している。

家庭で乾めんをゆでるのに、ゆで湯を繰り返して使用することは少ないが、製めん工場でゆで湯を繰り返して使用していると、めんの溶出でゆで湯の糊濃度がしだいに高くなり、めんのゆで溶けは少なくなるが、ゆで時間は長くなることが、実験によって確かめられている。

(3) ゆで温度と差し水

ゆでる温度は高いほうがよい。十分に沸騰していない湯でゆでると、めんの中心部に熱が伝わるまでに時間がかかり、その間に表面がゆですぎになってしまう。とくにそばはグルテンの網目構造がないので、それによって表面の水溶性たん白質が溶出してしまう。

一般的なゆで方として、ゆで湯の温度が上昇して、湯が激しく動いたり、ふきこぼれるのを防ぐために、差し水をするのがよいとされてきた。

めんが湯の中で激しく動くと、表面に傷がついて溶出し、うま味が逃げてしまい、めんのツヤも悪くなる。めんが湯の表面に浮き上がってきたら、差し水で沸騰直前の温度（約98度）におさえ、湯が激しく動かないようにするのである。

ゆで湯がふきこぼれそうになったら、そのつど差し水（ビックリ水）をすることが習慣とされてきたが、ガスなどの火力を調節して、むしろなるべく差し水を避けるほうが好ましいという意見が強くなってきた。加熱に薪の火などを使用した時代には火力の調節が難しかったから、差し水をしていたのである。ガスコンロなどを使用する現代では、火力調節によって高温に保ちながらふきこぼれを避けることができる。

めんが激しく動いてふきこぼれるような状態では、めんの表面を傷つけてしまうが、逆に頻繁に差し水を繰り返すことも、めんの肌を荒らす結果につながり、好ましくはないのである。

(4) 塩分の溶出

めんは食塩を加えて造るが、めんをゆでるときにこの塩分もかなり溶け出してくる。ある実験によると、ゆで湯量をめんの15倍ほどにして8分間ゆでると、加塩量2~8%の90%が溶出していることが確かめられた。

乾めんの塩分は多い場合には5%にも及ぶが、めんをゆでたときには0・5%程度に低下しているのである。健康な食生活を保つうえで塩分の過剰摂取がよく問題になるが、乾めんの塩分についてはほとんど問題ないことが明らかであろう。

乾めんをゆでる、ともすると製造面にのみに目が行きやすく、ゆでについては一般的におろそかになりがちである。そこで、ゆでについて注意しておくことが必要である。

全国乾麺協同組合連合会の栄養成分表示では、食塩については、ゆで後の残量を枠外に表示するよう指導している。

4 めんの引き締めとゆでのび

(1) 冷水によるめんの引き締め

ゆで上がったそば、うどんは水で洗うが、洗う水は冷たければ冷たいほどよいとされている。とくにうどんでは、冷水で十分に冷やすことでめんを引き締める効果が生まれる。

この作業によって、うどんの太さはゆで上がった直後のおよそ半分ほどになる。さらに水をかけてよく洗い、表面のぬめりをとると、ツヤのあるうどんができあがる。

とくに釜揚げうどんのように湯に浸けた状態におくと、うどんの表面から湯を吸収して軟らかくなりすぎ、食感が悪くなる。ゆで上げたうどんを冷水で引き締めておけば、余分な湯を吸収することが少なくなる。釜揚げうどんでは、ゆでたまま桶に入れて食されるように思われるが、冷水でよく引き締めてから再度熱湯に入れているのである。

また、冷水で一気に冷やさないと、めんの内部に残っている余熱でゆでが進み、のびてしまう。

(2) ゆでのび現象

めんはゆでた直後が一番おいしく、30分ほど放置するとゆでのびが起きて、粘弾性がなく、ぼそぼそして切れやすく、まずくなる。

図表6―3は機械めんにおけるゆでめんの物性をレオメーターで測定し、その時間的変化を示したものである。最初の30分に大きく変化している様子がよくわかる。

ゆでのびしたうどんは、特有のもちのような弾力性がなくなり、歯ごたえのないボソボソしたものになる。この現象は、でん粉の老化（ベータ化）とめん内部の水分が均一化することから生ずる。

でん粉の老化は、加熱して糊化（アルファ化）したものが時間とともにベータ化することで起こる。

また、前述したように、ゆでめんの水分は、表面が80％以上なのに対して中心部は約半分の40％と不均一である分布になっているが、時間の経過にしたがって均一化してくるのである。

水分の移動が起こると、内部のでん粉がその水分を吸収して、めんは膨張する。図表6―4はゆでめんの長さの時間的変化を示したものだが、1時間

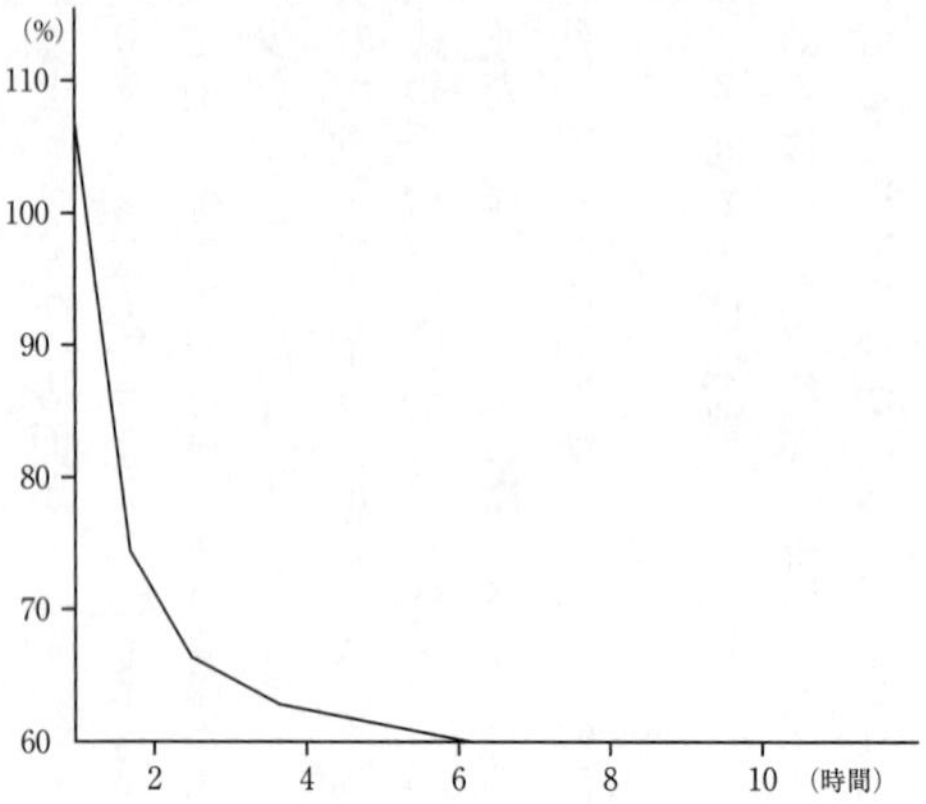

資料：食品産業新聞社「新めんの本」

図表６－３　ゆでめんの物性の変化

くらいの間に大きく変化していることがわかる。

めんが汁の中にある場合には、汁の水分を吸収するため、さらに短時間で太く長くのびて、軟らかく、コシのないものになりやすい。

そばは、めんのなかでもとくにゆでのびしやすい。そば粉はグルテンを含まないので、小麦粉のようにしっかりしたグルテンの網目構造ができず、水分の均一化が起こって、軟らかくのびやすいのである。そば粉の多いものほど、ゆでのびが短時間で起きる。これが、そばはゆで立てがおいしいとされる所以である。

また、そばの実は、外側ほど水溶性たん白質が多いので、種皮の入った色の濃いそばほどのびが速い。逆に、そばの実の中心部（胚乳部）だけでつくった更級そばのような白いそばは、多少の時間が経過してものびが起こりにくい。

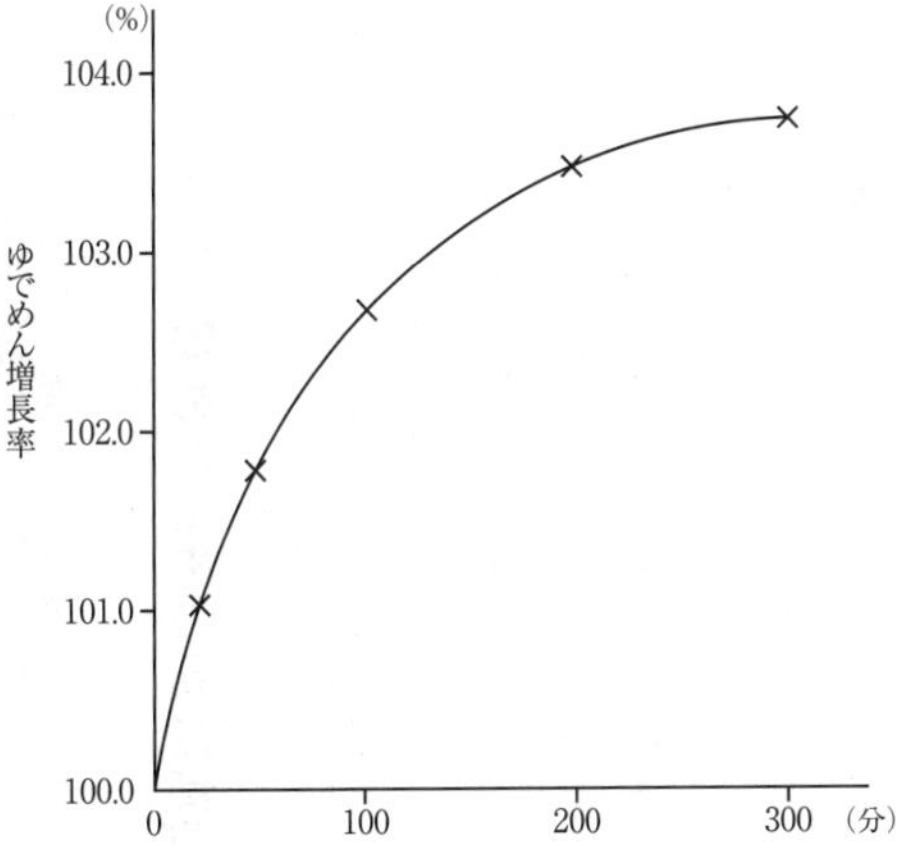

資料：食品産業新聞社「新めんの本」

図表6－4　ゆでめんの長さの変化

こうした水分の均一化によるめんのゆでののびを防ぐには、強力粉を混ぜるとよいといわれる。しかし、強力粉の配合でゆで時間は長くなり、逆においしさは低下してしまう。

また、ゆでめんを冷蔵庫のような低温で保管すると、水分の均一化を遅らせることはできるが、でん粉の老化は速く進んでしまう。糊化したでん粉の老化は、0℃付近でもっとも速くなるからである。

よって、乾めん製造者は、ゆで時間の重要性について認識し、正確な時間の情報提供をしなければならない。

第7章

品質と表示

1 乾めん工場の品質管理

後述するように、乾めん類には品質表示基準と日本農林規格（ＪＡＳ）がある。ＪＡＳ認定工場ではその基準を下回ることがないように品質管理を行うことは必要だが、乾めん工場において留意すべき品質管理の検査項目として図表７―１のようなものがある。

⑴ 水分

乾めんの水分について定めている法律はないが、水分活性からカビによる変敗のおそれがなく

図表７－１　乾めんの品質管理の調査項目

検査項目	
水分	うどん、ひらめん、14.5%以下（目安値）
	ひやむぎ、そうめん、そば14.0%以下（目安値）
量目	表示重量以上であること
短縮	ないこと
縦割れ	ないこと
めん線の幅	指定の切り刃であること
めん線の厚み	指定の厚みであること
長さ	指定の長さであること
色沢、肌荒れ	異常でないこと
異物	混入していないこと
異臭	異味、異臭のないこと
ゆで試験	短麺、縦割れがないこと、異味、異臭がないこと
	食感が良好なこと、表示ゆで時間であること

なり、長期保存ができる水分含有量として、次の通り管理することが望ましい。

・うどん、ひらめん……14・5％以下（目安値）

・ひやむぎ、そうめん、そば……14・0％以下（目安値）

乾めん工場では水分基準を設定し、これを超えないように注意は払われているが、最終的な乾燥段階において、一定の水分に保つような工程管理を実施する工場もある。しかし、実情としてはまだ不十分で、今後の課題である。

(2) 亀裂

めんに亀裂があると、商品価値の低下につながるので、乾燥後にその有無の検査が必要である。

そのやり方は、長さ約10㎝のめんの両端を手で持って、斜めにねじったときの割れ方を見るのである。その際に、たて割れしたり、折れ口がきれいな直線にならずに段がつくときには亀裂が存在する。めん線20本について試験を行い、割れ方の異常なものが4本以下（たて割れ比率20％以下）ならほぼよい。

注意しなければならないのは、こうした検査で亀裂が見つからなくても、発見できなかった表面のゆがみが1～2カ月してタテ割れにつながることがある。

亀裂の有無を正確にとらえるには、ねじり試験機（農林水産省食品総合研究所の開発）によるねじり強度の測定が有効とされている。

(3) 異臭

乾めんには特有のにおいがある。しかし、微生物が繁殖すると、異臭を発する。とくに気温の高い時期に半乾燥の状態で一夜放置した場合などには、酸敗臭を発することがある。

また、貯蔵中の酸化にともない、発生する異臭もある。

(4) 異物

乾めんにおける異物は、ミキシング時に混入するもの、めん帯の圧延で付着するもの、クズめんを再処理するときに混入するものなどが主なものである。とくにめん帯を圧延中に端の部分がくずのようになり、めん帯の上に落ちて異物となることが多い。

また、そば・うどん等を同一製麺機で製造する場合は、そば製造後は、時間をかけて掃除を行う必要がある。

2 保存・貯蔵における品質

(1) 微生物による変敗

食品は水分活性が0・8～0・85で1～2週間おくと、カビによる変敗が起こるが、0・7以下では微生物による変敗のおそれはほとんどない。

乾めんの場合には、塩分があるので、同じ水分含量でも水分活性は異なっている。微生物が繁殖することなく乾めんを安全に貯蔵できる水分活性0・7に相当する水分は、20℃の場合、食塩無添加で14・9％以下、加塩5％で16・2％以下である。

ＪＡＳに定められたうどんなどの乾めんの水分14・5％は、加塩2％以上で水分活性は0・7以下となる。しかし、30℃になると水分活性は0・74に上昇するので、ＪＡＳの水分規格付近では、微生物による変敗に対してかならずしも安全とはいえない。とくに加塩量が2～3％と低い乾めんでは、水分の管理が必要である。

ただし、市販乾めんの水分を試験してみると、JAS規格よりかなり低く、カビなどの発生の心配はほとんどない。

乾燥食品である乾めんは、このように低い水分で密封した状態であれば、カビなど微生物の繁殖はなく、安心して長期間にわたって保存できる。

(2) めん質の変化

乾めんは、長期間保存してもカビなどの発生は心配ないが、めんの質は変化する。乾燥によってたん白質が変性するためで、ゆでたときのめんの硬さが増し、ゆで時間が長くなる。

このめん質の変化をそうめんでは「厄」と呼び、むしろ食感がよくなるとして歓迎される。しかし、干しうどんなどでは、硬く、粘り気がなくなるため、食感が悪くなる。そうめんでは、このようにして2年貯蔵したものは食感、外観についての評価は向上するが、においの評価は低下する。そうめん、ひやむぎには「厄」という貯蔵効果があるとはいえ、極端に長い貯蔵は食感を悪くする。

農林水産省食品研究所の貯蔵試験によると、機械製造の乾めんがおいしく食べられる貯蔵期間(賞味期間)は、うどん・ひらめんが1年以内、ひやむぎ1年半、そうめんは2年とされており、細いめんほど長いことがわかる。

3 品質基準

加工食品などの農林物資には日本農林規格（JAS）が定められている。乾めん類、手延べそうめん類のJASは、昭和43（1968）年に制定されている（図表7―2）。

JASでは、原材料、品質、品質表示などが決められており、第三者機関（有限責任中間法人乾めん・手延べ経営技術センター）によって検査等がなされている。ところが、乾めん類のJAS受検率は約20％弱とかなり低い水準にある。これは、市販されている商品のほとんどがJAS基準を十分にクリアするものであり、むしろJAS品質保証というよりも、守らなければならない最低基準ととらえられているところにあるようだ。

たとえば、干しそばでは、そば粉の配合率が40％以上を標準、50％以上を上級とJASでは定められているが、JAS品以外の干しそばについて、全国乾麺協同組合連合会の表示等ガイドラインでは、そば粉が30％以上でなければそばと認めない自主基準を設けている。また、手延べそうめんの名産「揖保乃糸」では、生産団体である兵庫県手延素麺協同組合が独自の品質基準を決めて、これに合格したものだけを「揖保乃糸」の商品名で販売することを認めている。

乾めんでは、各地方の特産物として、こうした自主基準が定められていることが多い。したがってJAS受検率の低い原因の一つとなっているようだ。

図表7－2　表示等関連法一覧

	農林物資の規格化及び品質表示の適正化に関する法律 通称：JAS法 【農林水産省所管】	食品衛生法 通称：食衛法 【厚生労働省所管】
目的	一般消費者の適切な商品選択	飲食に起因する衛生上の危害の防止
表示対象	一般消費者向けのすべての飲食料品	公衆衛生の見地から表示が必要な食品および食品添加物 （省令で対象品目を規定）
主な表示項目	【加工食品：乾めん類】 ・名称または品名 ・原材料（添加物を含む） ・内容量 ・賞味期限（品質保持期限） ・保存方法 ・調理方法 ・製造業者名等 ・輸入品については原産国名 （その他品目ごとの表示事項） 【生鮮食品】 ・名称 ・原産地	食品ごとに異なるが、一般的な表示事項は次のとおり ・名称 ・添加物 ・品質保持期限（賞味期限） ・保存方法 ・製造業社名等 （その他品目ごとの表示事項）
違反の場合の措置	公表 罰金　個人　100万円以下の罰金または1年以下の懲役 　　　法人　1億円以下の罰金	○営業許可の取り消し、営業の禁止または停止 ○6カ月以下の懲役または3万円以下の罰金 （双方の措置を取りうる）
法制定の時期	昭和25年（平成12年7月からすべての生鮮食品を平成13年4月からすべての加工食品を義務表示化）	昭和22年

	不当景品類及び不当表示防止法 通称：景表法 【公正取引委員会所管】	不正競争防止法 【経済産業省所管】
目的	公正な競争を確保し、一般消費者の利益を保護	事業者間の公正な競争を確保
表示対象	事業者の供給する商品（＊）または役務	商品（＊）もしくは役務もしくはその広告もしくは取引に用いる書類もしくは通信
主な表示項目	以下の表示であって、不当に顧客を誘引し、公正な競争が阻害するおそれがあると認められる ○商品（＊）の品質等について著しく優良であると一般消費者に誤認される表示 ○商品（＊）の価格等について著しく有利であると一般消費者に誤認される表示 ○商品（＊）の取引に関する事項について一般消費者に誤認されるおそれがある表示（個別に指定）	商品（＊）の原産地、品質、内容、製造方法、用途もしくは数量等を誤認させるような虚偽の表示を禁止
違反の場合の措置	排除命令（事業者名も告示） 確定審決となった後の違反 →2年以下の懲役または300万円	○事業者自らによる差止請求・損害賠償請求 ○3年以下の懲役または300万円以下の罰金（法人は3億円）
法制定の時期	昭和37年	平成5年

＊不当景品類及び不当表示防止法及び不正競争防止法は、食品を含むすべての商品が対象となる。
＊乾めんには、乾めん類および手延べそうめん類独自の品質表示基準を制定しているので、これを遵守すること。
＊名称または品名は、改版時等に「名称」へ統一すると良い。

4 乾めん・手延べ経営技術センター設立

農林水産省は、平成18（2006）年に「改正JAS法」を施行した。全国乾麺協同組合連合会は、昭和43（1968）年から乾めん類・手延べそうめん類の日本農林規格（JAS）の登録格付機関に認定されてきたが、「改正JAS法」によって、認定事業者が長となる第三者機関にはJAS登録認定機関の登録が受けられないことになった。この法律改正によって新法人の設立を余儀なくされた。そこで、全国乾麺協同組合連合会100％出資の一般社団法人乾めん・手延べ経営技術センター（平成20年改称）を設立した。同センターの主たる事業内容としてはJAS事業を実施、平成18年4月11日付で、農林水産省から乾めん類および手延べ干しめんの登録認定機関として登録を受けた。

5 商品表示

(1) 品質表示

JASマークはその品質基準に合格した商品にのみつけられるが、昭和61（1986）年に乾めん類、昭和55年に手延べそうめん類について強制法である個別の品質表示基準が制定され、すべての商品にJASと同様の表示が義務づけられた。

表示の項目は、名称（または品名）をはじめ原材料、内容量、賞味期限、保存方法、調理方法、製造者又は販売者などである（図表7―3）。一括表示では、そば粉の配合割合が30％未満の場合は、一括表示の原材料の次にそば粉の配合割合を表示する

図表7－3　乾めん類と手延べ干しめんのＪＡＳ規格および品質表示基準に基づく義務表示の例示

①　国内産の小型包装の場合

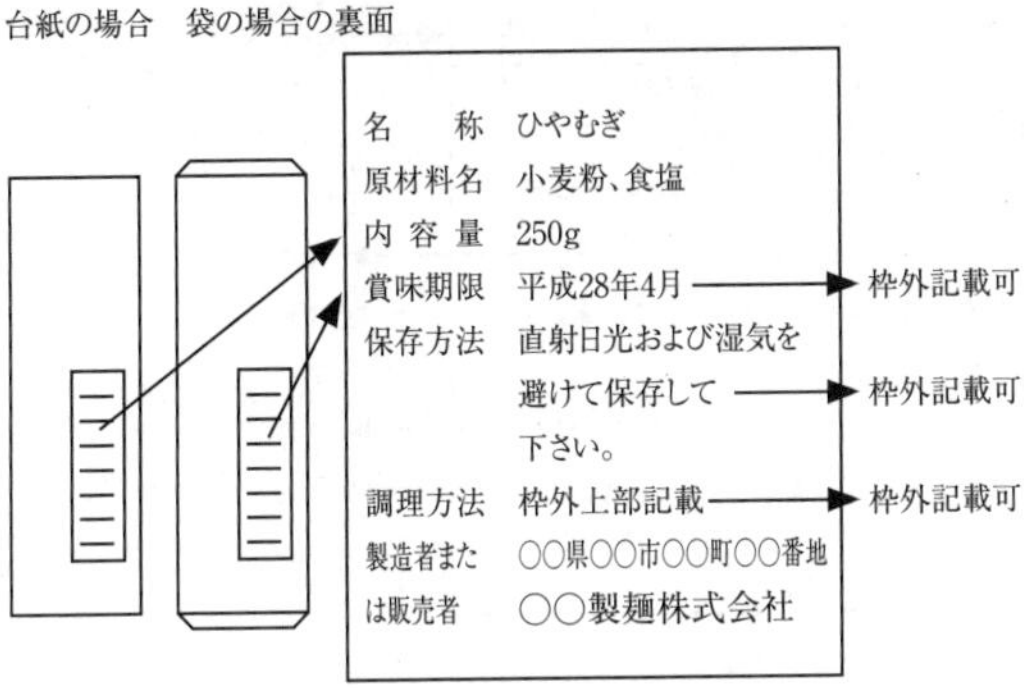

②　外国産の小型包装の場合

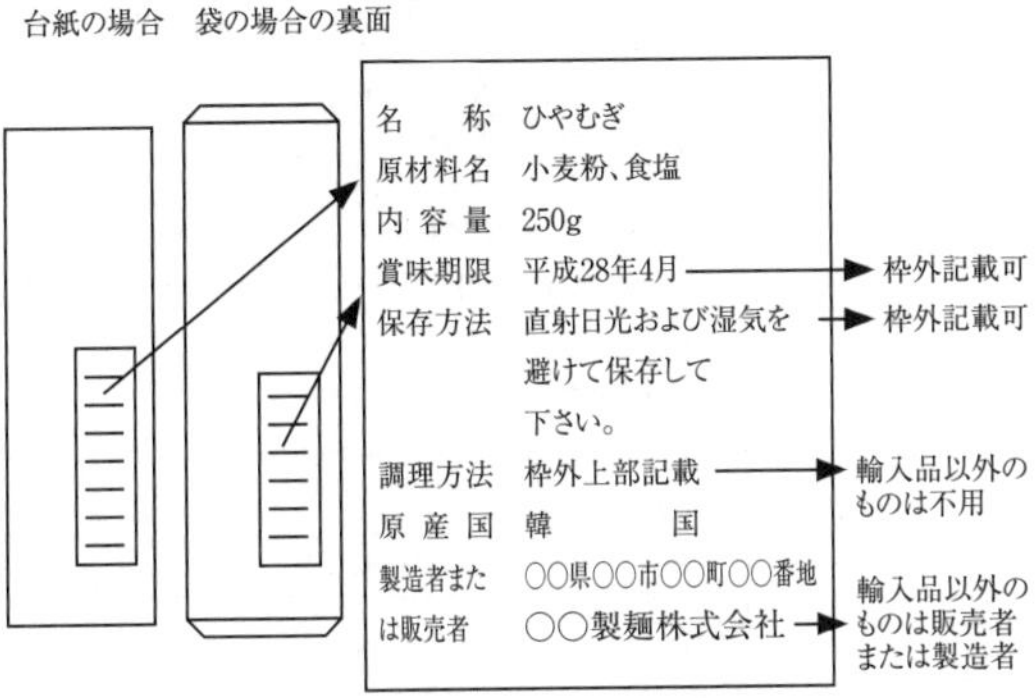

③　贈答用（詰合せセット）の場合

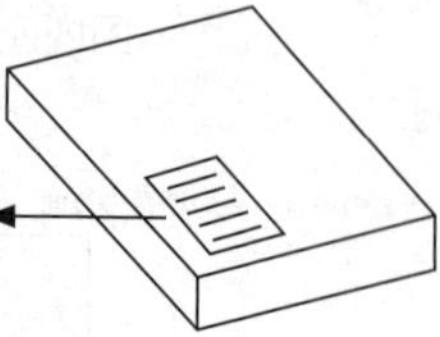

名　　称	そ　ば	うどん	きしめん
原材料名	小麦粉、そば粉、食塩	小麦粉、食　塩	小麦粉、食　塩
内 容 量	500g (250g×2)	500g (250g×2)	500g (250g×2)
賞味期限	平成28年4月		
保存方法	直射日光および湿気を避けて保存して下さい。		
調理方法	そば5分、うどん7分、きしめん8分		
製 造 者	○○県○○市○○町○○番地 ○○製麺株式会社		

賞味期限 → 枠外記載可
保存方法 → 枠外記載可
調理方法 → 枠外記載可
製造者 → 販売者または加工者

④　贈答用（詰合せセット）を輸入した場合

名　　称	そ　ば	うどん	きしめん
原材料名	小麦粉、そば粉、食塩	小麦粉、食　塩	小麦粉、食　塩
内 容 量	500g (250g×2)	500g (250g×2)	500g (250g×2)
賞味期限	平成28年4月		
保存方法	直射日光および湿気を避けて保存して下さい。		
調理方法	そば5分、うどん7分、きしめん8分		
原産国名	韓　　国		
製 造 者	○○県○○市○○町○○番地 ○○商事株式会社		

賞味期限 → 枠外記載可
保存方法 → 枠外記載可
原産国名 → 輸入品以外のものは不用
製造者 → 輸入品以外のものは販売者または製造者

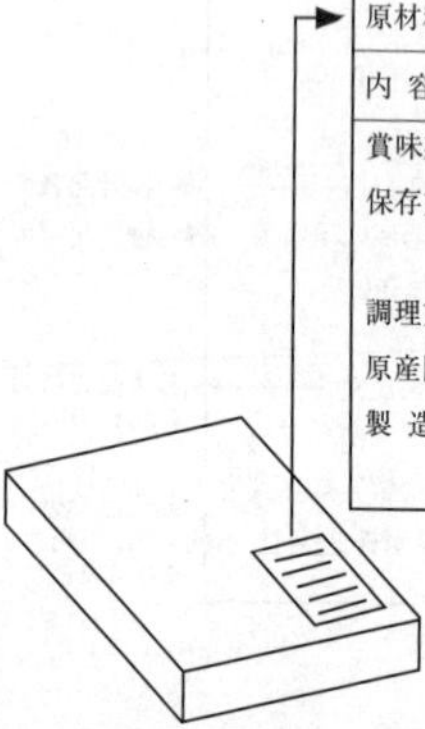

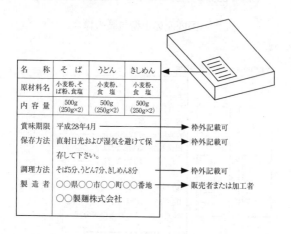

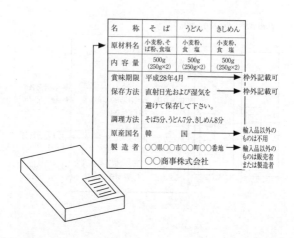

⑤ 贈答用（詰合せセット）につゆをセットした場合

名　　称	そば、うどん、きしめん （各調味料付き）
原材料名	そば（小麦粉、そば粉、食塩） うどん（小麦粉、食塩） きしめん（小麦粉、食塩） 添付調味料（しょうゆ、ぶどう糖、果糖ぶどう糖液糖）
内 容 量	そば　　500g（250g×2） うどん　500g（250g×2） きしめん　500g（250g×2）
賞味期限	平成28年4月
保存方法	直射日光および湿気を避けて保存して下さい。
調理方法	そば5分、うどん7分、きしめん8分
製 造 者	○○県○○市○○町○○番地 ○○製麺株式会社

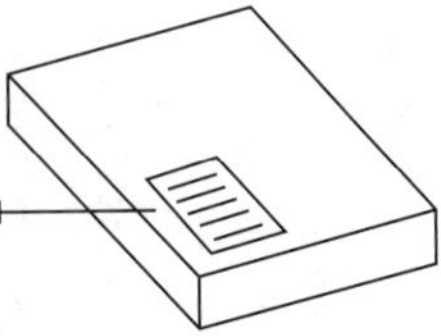

各商品が調味料付きの場合（ビン詰め等商品の外に添付した場合は除く）

品名と同じ

⑥ つゆ付き小型包装の場合

台紙の場合

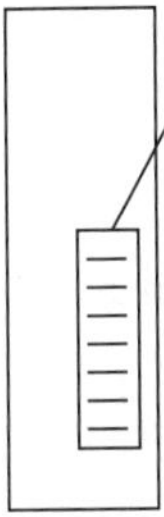

名　　称	うどん（調味料付き）
原材料名	めん（小麦粉、食塩） 添付調味料（しょうゆ、ぶどう糖、果糖ぶどう糖液糖）
内 容 量	260g（めん250g）
賞味期限	枠外上部に記載
保存方法	直射日光および湿気を避けて保存して下さい。
調理方法	枠外左上に記載
製 造 者	○○県○○市○○町○○番地 ○○製麺株式会社

袋の場合の裏面

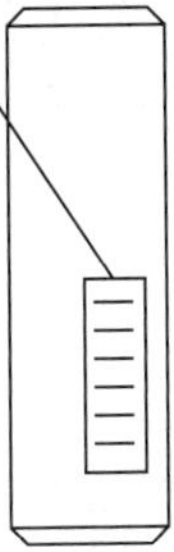

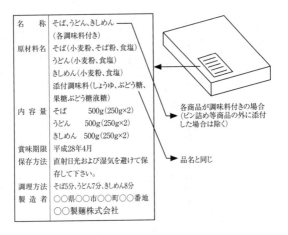

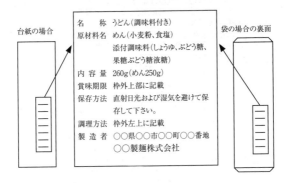

ことになった。30％以上の場合は、表示義務はない。賞味期限について、乾めんは時間の経過につれて硬くもろくなる。うどんなどの太いめんにとっては好ましくないが、細いそうめん、ひやむぎの場合には製品熟成となる。しかし、そうめんといえども製造後、あまり長い時間がたつとおいしさは失われる。

(2) 栄養成分表示

平成27（2015）年4月1日食品表示法が制定され、栄養成分表示は義務表示となった（図表7—4）。栄養成分表示の新基準の義務表示項目は、これまでと同じく「エネルギー、たん白質、脂質、炭水化物、ナトリウム」の5項目だが、「ナトリウム」は「食塩相当量」で表示されることになる（図表7—5）。従来のナトリウム表示では、利用する側は「ナトリウム（mg）×2・54

図表7－4　食品表示法の概要

食品衛生法、JAS 法および健康増進法の食品の表示に関する規定を統合して、包括的かつ一元的な制度を創設（栄養表示についても、義務化が可能な枠組みとする）。	
制定の経緯	・整合性の取れた表示基準の制定 ・消費者、事業者双方にとってわかりやすい表示 ・消費者の日々の栄養 ・食生活管理による健康増進に寄与 ・効果的 ・効率的な法執行
目的	・食品を摂取する際の安全性 ・一般消費者の自主的かつ合理的な食品選択の機会の確保
食品表示基準	・名称、アレルゲン、保存の方法、消費期限、原材料、添加物、栄養成分の量および熱量、原産地その他食品関連事業者等が表示すべき事項 ・前号に掲げる事項を表示する際に食品関連事業者等が遵守すべき事項
罰則	食品表示基準違反（安全性に関する表示、原産地・原料原産地表示の違反）、命令違反等について罰則を規定

資料：消費者庁「食品表示法の概要」

①基本ルール
（対象食品の限定なし）

熱量	○kcal
たんぱく質	○g
脂質	○g
炭水化物	○g
食塩相当量	○g

②任意ルール
（ナトリウム塩を添加していない食品）

熱量	○kcal
たんぱく質	○g
脂質	○g
炭水化物	○g
ナトリウム	○mg
（食塩相当量	○g）

〔参考〕
②の場合の枠の取扱い

熱量	○kcal
たんぱく質	○g
脂質	○g
炭水化物	○g
ナトリウム	○mg

（食塩相当量 ○g）

資料：内閣府「消費者委員会食品表示部会」

図表7-5　ナトリウムの表示方法について

÷1000＝食塩相当量（g）」と、いちいち計算して食塩相当量を求めなくてはならない。日本人の健康政策上、減塩対策が重要とされるなかで、ナトリウム表示は活用しづらく健康指導のうえでもネックになっていたようだ。医師や栄養士からもナトリウム表示を食塩相当量に統一することが強く求められ、消費者庁での検討会における議論を経て、ようやく「食塩相当量」の表記が新法で実現した。しかし、実際に食塩を添加していない乾めんに「食塩相当量」と表示すると、誤認するケースが出てきそうだ。このようなケースを想定して、新基準ではナトリウム塩を添加していない場合、ナトリウム0㎎（食塩相当量0g）とする表示もあわせて認めることになっている。

(3) その他の表示

乾めんでは、手延べそうめんの消費が安定した伸びを示し、手造りタイプが消費を喚起する大きな要素となっている。そこで近年、乾めん類に手造りを印象づけ、誤解を招くような表示（絵を含む）をする商品も散見される。

乾めん類品質表示基準では手延べそうめん以外の「手」のつく名称の使用を禁止しているが、それ以外に禁じている法律はない。ただし、生めんは公正競争規約によって、厳しい規制が設けられている。生めんの商品に「手打ち」と表示をする場合は、生地をこねるまでは手でも機械でもよいが、その後の工程はすべて手作業でなければならない。また「手打ち式」「手打ち風」と表示する場合は、工程のすべてまたは一部を機械で行うものであるが、めん線の切り出しを包丁または手切りに近い薄い切り刃で行うこととされている。

乾めん業界では、無用な混乱を避けるため、こうした生めんの公正競争規約に準ずる形の自主規制基準を決めるべく、「表示等ガイドライン」を公表している。

そのひとつが、「多加水」「熟成」という用語の使用によって手造りを印象づけることをやめようというものである。多加水は食塩水38％以上、熟成は30分以上のものに限定することが検討されている。もうひとつは、「手打ち式」「手打ち風」など、手打ちめんや手延べめんと混同しやすい「手」のついた名称の使用を制限していることである。平成16（2004）年乾めん類品質表示基準が改正され、手延べの定義に「手作業」部分が加えられ、手延べ干しめんJAS規格は、さらに手作業行程を厳しく規定している（手延べ干しめん日本農林規格参照）。

6 賞味期限

食品衛生法、JAS法の改正によって、すべての食品の日付表示が賞味期限表示となった。期限表示方法は、基本的に製品の特性について情報を有する各製造業者が、科学的かつ納得性のある検査方法によって実施するものである。

しかし、全国乾麺協同組合連合会では、乾めん製造業者にかわって品目ごとに賞味期間の保存試験調査（官能検査、理化学検査、微生物検査）を行い、各品目の賞味期間を明らかにするため、経日変化を追跡した。乾めんの賞味期限の目安として公表している。

各製品の官能検査（外観、味、香り、歯ごたえ）、理化学検査（水分、水分活性、脂肪酸度）、および微生物検査（一般生菌数）を行った。

賞味期限とは、食品がおいしく食べられて、十分に商品価値が保たれている期限のことである。とくに乾めんのような乾燥食品は、賞味期間と食用可能期間の差が生鮮物と比べて大きい。

(1) 貯蔵中の乾めんの成分変化

乾めん（うどん）を小袋に密封し、貯蔵中に水分含量の変動、水溶性酸度ともに変化が認められないことから、貯蔵変化の尺度として、脂肪酸度が考えられた。その増加が品質の低下を示すものとした。

原料小麦粉の脂肪酸度は、乾めんになると急激に激減する。これは生めんの生地のグルテン形成によって脂質が分析に使用するエーテルで抽出され難しくなるためである。

しかし、貯蔵中の脂肪酸度は図表7−6に示す

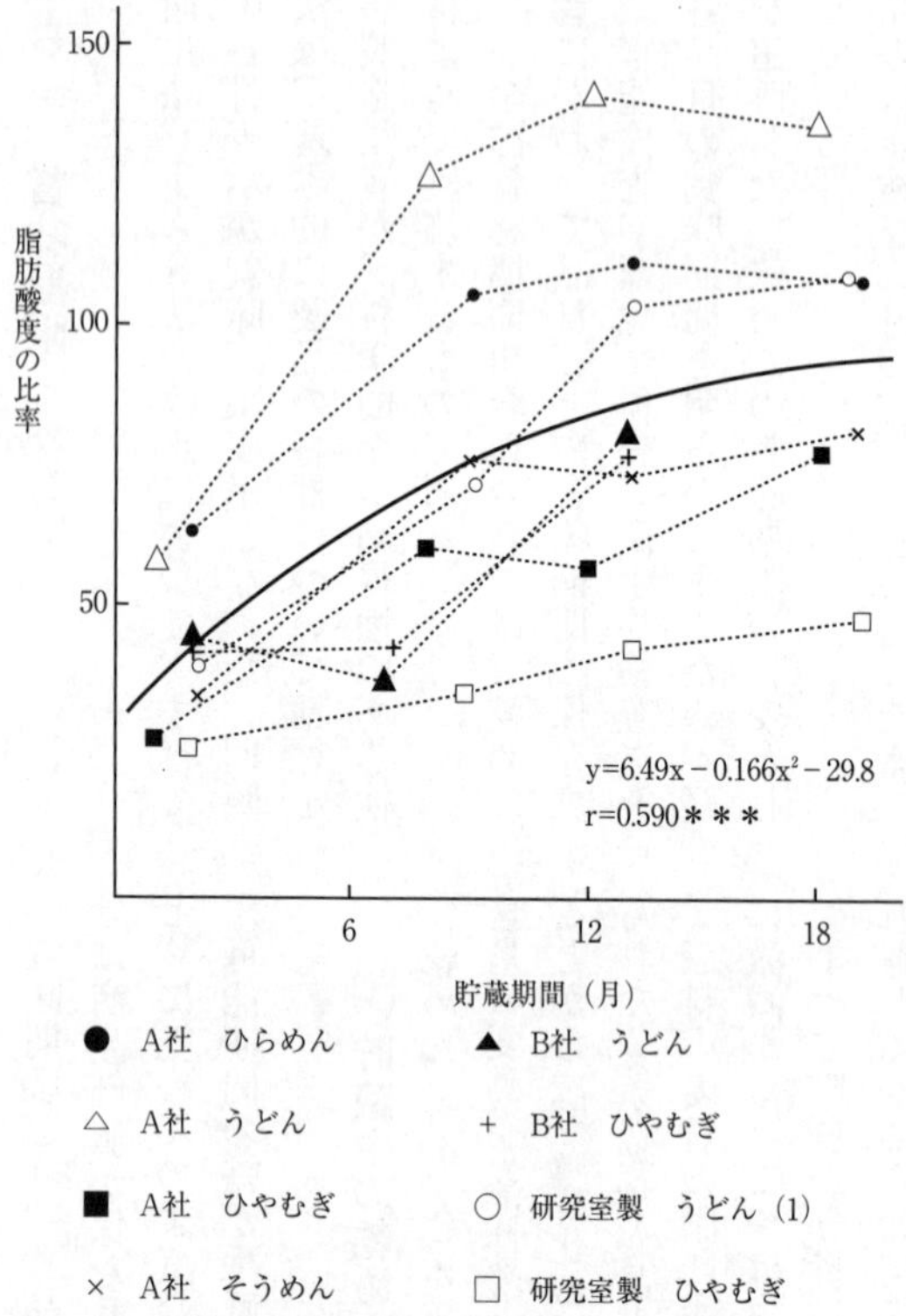

脂肪酸度は原料小麦粉の値を100とした比率で表した。
＊＊＊99.9%の信頼限界

図表７－６　乾めん貯蔵中の脂肪酸度の変化

ように、試料によるバラつきはあるが、かなり増加傾向を示し、品質変化を示唆している。

乾めん(うどん)を、常温貯蔵による1年後の脂肪酸度、冷蔵貯蔵、冷凍貯蔵を比べてみると、低温貯蔵により脂肪酸度の増加は抑えられた。よって、脂肪酸度が乾めんの品質変化を示唆しているといえる。脂肪酸とは、小麦粉に含まれている脂肪が分解して生じる脂肪酸の量を表したものである。多いほど分解が進み、品質が劣化しているといえる。

(2) 乾めん(機械めん)の賞味期限

乾めん(うどん)の貯蔵により、その力学的性質、生地の物性およびゆでためんの物性で強度と弾性が増加し、この変化が食味に与える影響は、試験の結果、太物のうどんときしめんにはマイナス、細物のひやむぎとそうめんにはプラスとめん線の太さによって正反対に現れる。このことは、太いめんと細いめんの食べ方(太いめんは噛み、細いめんは飲み込む)の相違に原因があると思われる。

この結果、うどんときしめんは1年以内、ひやむぎは1年半、そうめんは2年と判断、目安を示している。

(3) 手延べそうめんの賞味期限

手延べそうめんは、製造過程で食用植物油を使用しており、しばしば油臭の発生が問題になることがある。また、貯蔵により食感の評価は向上するものの、においの評価は低下する。

手延べそうめんの貯蔵経過は、乾めんと同じ前述のとおりであるが、手延べそうめんの賞味期間を決定するに当たっては、油臭の問題を避けて通ることはできない。

このことを十分に勘案して、手延べそうめんは3年半、手延べひやむぎは1年半、手延べうどんは1年以内と判断、目安を示している。

⑷ そば、半乾燥めんの賞味期間

そばを常温で貯蔵した場合、貯蔵中における脂肪酸度の変化、官能検査の結果、そば粉の割合が多いもの、あるいは原料の良好なものは、賞味期間が長く1年程度とした。

半乾燥めんについても、賞味期間を決定するため、約半年の貯蔵期間を設け、脂肪酸度、ゆでめん重量、生菌数の測定および食味テストを実施した。その結果、製造後3カ月とした。

⑸ 返　品

乾めんは賞味期間が長く、ひやむぎ、そうめんについては季節性が強いこともあって、返品されることが多い。返品の取り扱いについて、全国乾麺協同組合連合会では「商品として一度、工場から出荷され、売れ残り等の理由で返品された商品(オーダーの間違い等やむを得ない理由により、工場出荷後間もなく返品されたものを除く)については、いかなる理由があっても再出荷せず、破棄・処分する旨徹底すること」と厳しくしているが、ひとつの考え方として、返品された商品の荷姿が出荷時となんら変わっていない場合、返品時に賞味期間に余裕がある場合等、相手方が納得すれば、返品された商品を再度販売することは問題がないと思う。ただし、返品されてきた商品を検品と称して開封する等して義務表示の改ざん等して再度販売することは、法律違反となるので絶対にしてはならない行為である。

7 法令順守

消費者の食品への安全・安心への要望は日増しに強くなってきている。表示については、日々厳しい目が向けられている。表示についての法律は、強制法である消費者庁の食品表示法（平成27年4月1日制定）がある。表示方法は義務表示（一括表示）といい、注意されたい項目は原材料名表示である。原材料名は、食品添加物以外の原材料の配合割合の多いものから順次記載し、続いて、または行を変えて使用した食品添加物の多いものから順に記載する。原材料名記載で留意したいこととして、端めん（くずめん）を再生粉等としてめんに使用する場合は、その端めんが発生しためん、または使用原材料が同一のめんに限って使用することである。端めんは、めんの種類（または使用した原材料の種類）、再生年月日等がわかるように記録・管理・保管するとよい。表示違反は、平成14（2002）年7月から罰則が厳しくなった。全国乾麺協同組合連合会では、義務表示等の法律違反が起きないよう「全国乾麺協同組合連合会表示等ガイドライン」を制定している。

8 めんの試験法

めんの品質試験法には正式に統一された方法はないが、主要なものを示すと次のようである。

(1) ゆで試験

ビーカーや小型ゆで槽を用いてゆでる。水はpH5.5～6.0に調整する。ゆで状態を同一にするため、ゆでめんを水分76％、ゆで歩留まり330～340とする方法と、一定時間ゆでる方法がある。ゆでめんをザルに取り、多量の流水で水洗を行った後、10回軽くたたいて水切りをする。

① **ゆで時間**

ゆでめんの水分が76％となる点を標準として、2通りのゆで時間の水分を測定して計算から求める。

② **ゆで溶出物量**

ゆで液を均一に混ぜてから、一定量を蒸発皿にとって、水分を蒸発させて定量する。溶出物の乾めんに対する比率で表す。

③ **水分**

ゆでめんを耐熱性のポリエチレンフィルム袋に入れて秤量し、袋の中でゆでめんを薄く延ばして減圧加熱乾燥による量から求める。

⑵ 物性試験

めんのテクスチャーについて、硬さなどが機器によって測定される。

ゆでためんは一定時間放置後、測定されるが、めんの硬さは水分の影響を受けるので、同一水分について測定する必要がある。実際には、ゆで時間を変えて水分の異なる試料を測定し、計算によって一定の水分における硬さを求めている。

① **引っ張り試験**

繊維用の小型引張試験器で、硬さを表す引っ張り強度、硬さの質を表す引っ張りヤング率、伸び率を求める。ヤング率は水分、たん白質含量によって変わるが、高いほどめんの適性が劣る。伸び率は大きいほどめんの適性がよい。

レオメーターやテンシプレッサーが用いられる。

② せん断強度

テンシロンやレオメーターを用いて測定する。引っ張り強度と関係が深いが、試料の厚さなど形状に影響される。

③ ねじり試験

乾めんに一番関係の深い試験法である。乾燥工程で生ずるめんのたて割れの有無をチェックするものである。

「1 (1) 亀裂」の項で述べたように、乾めんの両端をもってねじったときの折れ具合をみる。乾めんのねじり強度は水分の影響を受けるので、一定の水分（13・5％）において比較される。測定器として、農林水産省食品総合研究所によってねじり試験機が開発されている。

④ テクスチュロメーター

これは、食品のテクスチャーを測定する装置である。人間の口の動きをモデル化したそしゃく機能をもっている。

めんの場合、硬さ、付着性、粘着力、凝集性、コシの強さなどが判定できる。

(3) 官能試験

めんの品質評価は、最終的には官能検査によって判定する必要がある。

試験項目は、色、外観、食感（硬さ、粘弾性、なめらかさ）、食味である。色、外観はめんのまま行い、食感、食味は汁を付けて検査することもある。

食品には個々の嗜好の違いがあるので、できるだけ客観的な評価が得られるような方法をとる。ひとつは、少人数の専門家による方法、もうひとつはパネルテストで、それぞれ特徴がある。

① **少人数の専門家による方法**

比較的短時間に判定できるが、主観的な評価が入りやすい欠点がある。

② **パネルテスト**

パネルを24名以上とし、男女、年齢などによる評価のかたよりのない構成とする。

③ **酸過度**

手延べそうめんには食用油を塗布（約1％）することから酸過臭の問題がおこりやすい。乾燥の問題等があるが酸過度を示す測定法として、過酸化物価がある。

(4) その他の試験

① **ゆで歩留まり**

原料粉に対するゆでめんの重量の比率で表わす。製めん時のロスやゆで溶出量の影響もあるが、水分含量の高さを示し、ゆで状態を表している。

② **色の測定**

光電比色計でめんの白度を測定する。色の差を測定するには、光電色差計を用いる。

第8章 めんの食味・食感

1　めんのおいしさ

(1) おいしさのもと

食味を論ずる場合、風味やうま味など味覚の良し悪しをいうこともあるが、一般には歯ごたえ、舌ざわり、のどごしなど、めんの太さ、形状、硬さ、粘弾性、表面の状態など、食感（テクスチャー）に関連した物理的な性質をいうことが多い。これらはめんの製法、小麦粉の種類・品質などによって大きく影響を受ける。

そばやうどんの味覚には、めんの材料である小麦粉、そば粉、食塩などがかかわっているが、とくにそば（挽きたて、打ちたて、ゆでたて）では、そば粉のもつ独特の風味がたいせつである。小麦粉だけのめんでも、食感さえよければいいかというと、そうではない。めんの食感に深くかかわっているのはグルテンとでん粉であるが、小麦粉に少量あるいは微量含まれる糖や酸、アミノ酸など水溶性成分の存在がなければ、微妙なおいしさは得られないのである。

(2) おいしいめんの条件

食べ物のおいしさには、食べる人の嗜好が大きくかかわってくるが、一般的においしいめんの条件として、次のようなものがあげられる。

① ゆで時間が短く、よく引き締まっていること

ゆで上がりの時間がかかるめんは、食べる前から敬遠されがちである。一般にうどんなど太めん

について、機械めんは手打ちに比べてゆで時間が長くかかるだけに、ゆで時間の長短は乾めんの生命線ともいえる大きな要素である。

また、ゆで上がっためんを冷水で洗いながら冷やしたときに、よく引き締まったほうがおいしい。

さらに、ゆで立てが一番おいしく、その後、ゆでのびの現象が時間の経過とともにすすみ、機械めんは手延べめんに比べて食味が著しく低下する。

②なめらかな舌ざわりとコシ、粘り

めんは舌ざわりがなめらかで、適度のコシ（硬さ）と粘りがなければならない。

表面が煮くずれしているのに芯の残っているものや、うどんのゆで太りのようにゆで上がりがふやけた状態ではおいしくない。

機械めんは生地がロールで強く圧迫され表面がなめらかになっているが、強いロールの圧力を受けたものほど、ゆで上がりがダレたようにコシのないものになってしまう。

生めんの場合には、むしろ表面がざらついているもののほうが、ロールの強い圧力を受けていないので、めん質が多孔性で水分の吸収がよく、ゆで時間も短い。

③香味と適度の塩味

そばには独特の香味が必要だが、うどんなど小麦粉だけのめんでも小麦粉本来の微妙な風味が大切である。

また、めんにおける食塩の役割は、すでに原料の項で述べたが、食べる段階でも適度の塩味が感じられるほうがおいしさは増す。

2 食感の本質

(1) めんの太さと食感

そうめんなど細いめんは、歯ごたえのある硬さが必要であり、うどんのように太いめんは逆に軟らかさが求められている。

ゆで上がりの状態でめんの引っ張り強度（単位面積当たりの力）を測定してみると、そうめんはうどんの約2倍の硬さがあることがわかる。

このめんの硬さは、原料小麦のたん白質（グルテン）含量に関連し、多いほど硬い。うどんでは軟らかくするために中力粉を使用し、硬さの必要なそうめんでは中力粉に準強力粉、強力粉を配合する。手延べそうめんでは準強力粉、強力粉だけの使用もある。

この硬さに関連した要素として、弾力性や粘りがあり、とくにうどんではもちのような軟らかさと粘りがおいしさには欠かせないものである。これについては、科学的な解明はなされていないが、弾性だけが高くなりすぎるとぼそぼそした硬い食感になり、弾性と粘りのバランスが必要であることがわかっている。

(2) コシの強さ

めんの食感には、太さのほかに硬さ、粘り、表面の状態など物理的な性質が関連しているが、これらを科学的に測定して、その程度を知ることができる。

① コシの強さの測定

めんの硬さは、コシがあるというような表現がとられている。しかし、実際のめんの硬さは均一でなく、表面は軟らかくても中心に近づくほど硬くなっているのがふつうである。

めんのコシの強さ（硬さ）は、1）めん線の引っ張り強度、2）めん線を横から刃で切るせん断強度、3）めん線を棒で押さえたときの荷重などによって測定されている。

② めんの水分と関係

ゆでめんの硬さは、図表8―1のように、水分含量によって影響される。

ゆでうどんの水分は76％くらいで、これを硬さの基準（100）とした場合、水分が1％低い（75％）と硬さは115と硬くなり、逆に水分が1％高くなる（77％）と84と軟らかくなる。

③ 原料小麦粉のたん白質含量

うどんは一般に中力粉を原料とし、それぞれのめんの必要な硬さに応じて準強力粉、強力粉を配

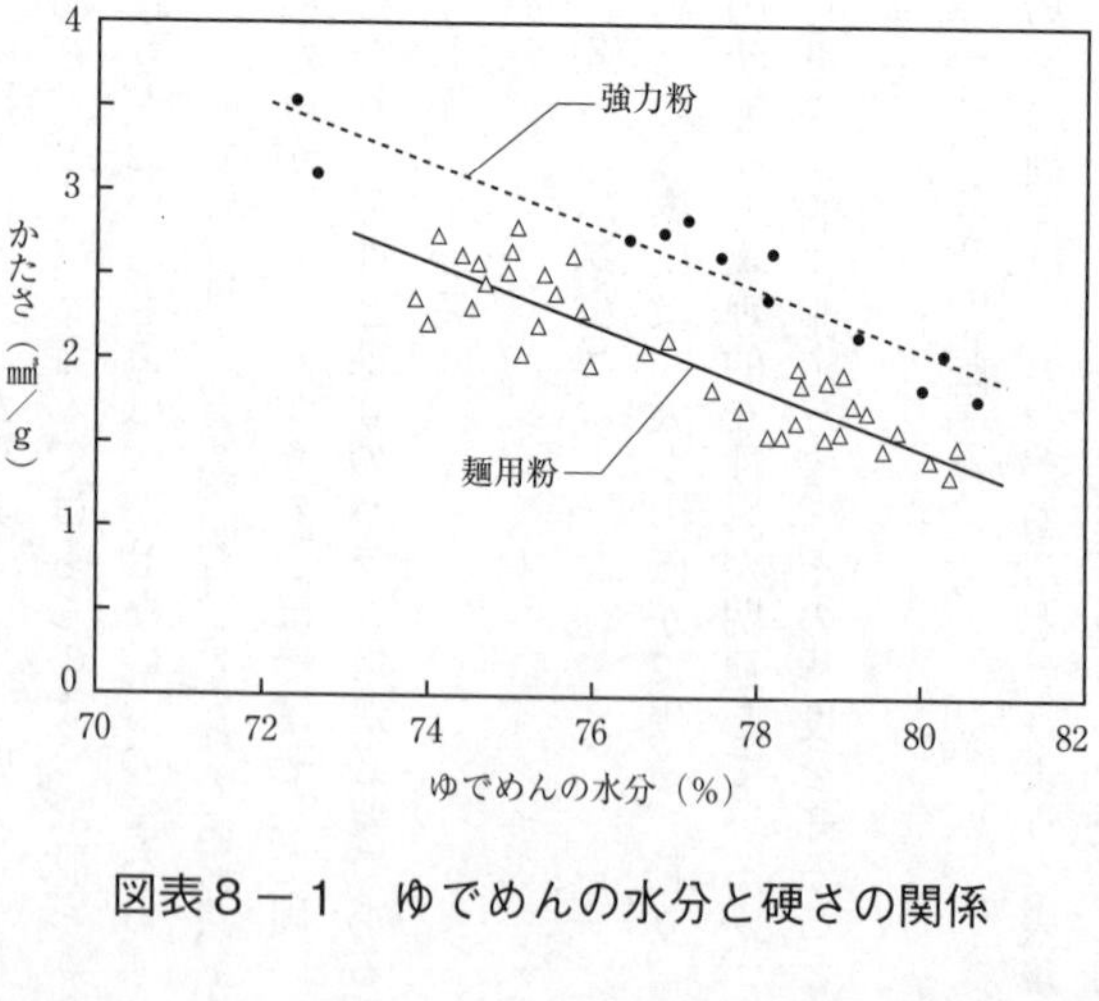

図表8－1　ゆでめんの水分と硬さの関係

合している。

食品総合研究所の行った実験によると、強力粉（たん白質含量13・1％）と薄力粉（5・7％）を混合して、たん白質含量の異なる4種類の原料粉を造り、ゆでうどんの硬さを比較したところ、図表8―2のように、たん白質含量が多くなるほど、めんは硬さが増している。しかも、たん白質含量が11％付近までは直線的に硬さが増し、それより多くなると、硬さの増加はゆるやかになっている。

先にも述べたが、たん白質含量が高くなると、めんが硬くなり、ゆで溶けしにくくなるが、その反面、ゆで時間は長くなる。

④ でん粉の影響

小麦粉には、たん白質の数倍量のでん粉が含まれ、うどんになった状態では7～8倍に及ぶ量になっている。

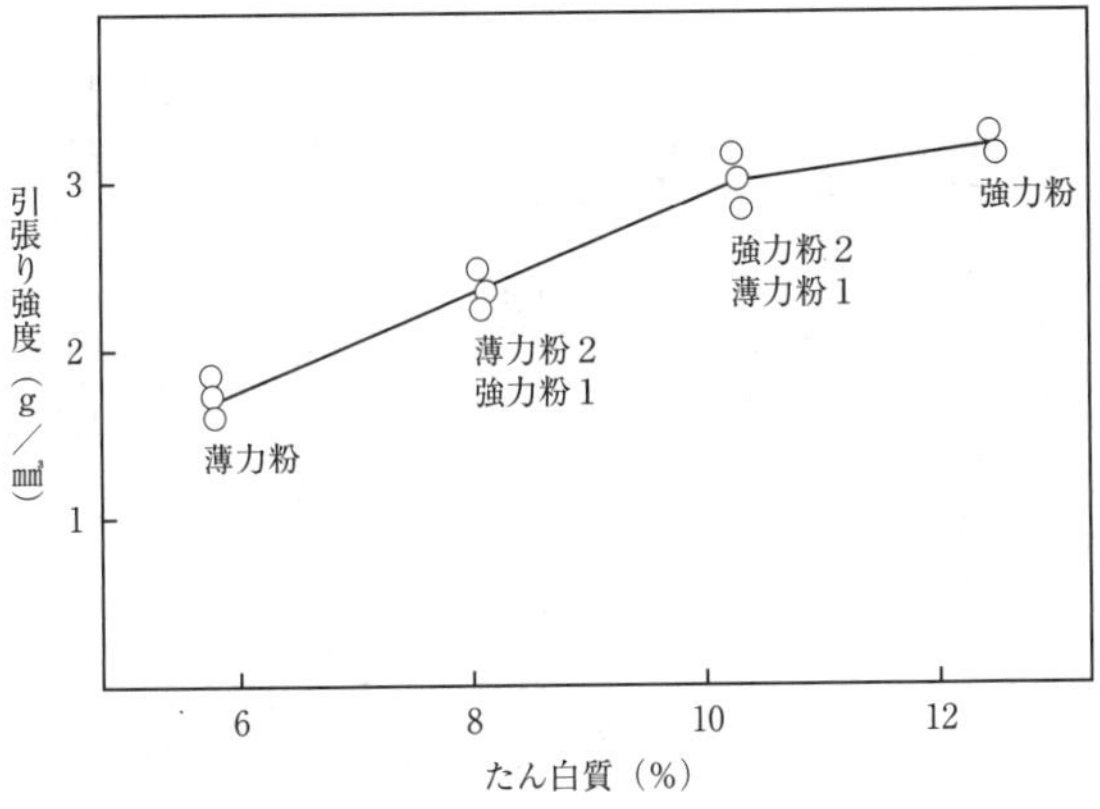

図表8－2　ゆでめんのかたさに与えるたん白質含量の影響

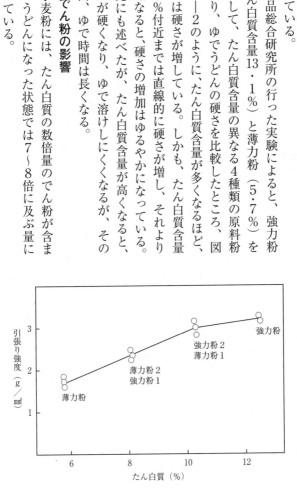

こうした多量のでん粉は、当然、めんの食感に影響してくる。

でん粉には、ブドウ糖が直鎖状につながっているアミロースと枝分かれして房状になったアミロペクチンの2成分から構成されている。小麦粉にはアミロースが20%くらい含まれ、これが多くなると、ゆでためんは弾性だけが高くなり、むしろ食感は悪い。

一方、ばれいしょでん粉やワキシースターチを配合してアミロペクチンを増やすと、弾性は低下し、引っ張り伸び率が増加して、硬さの変化が起きる。めんの食感にはたん白質よりも関係が深く、でん粉の多いほうがよい影響をもたらすことがわかっている。

このため、乾めんでは、めんを軟らかくしてゆで時間を速めるための改質に、ばれいしょでん粉を加えることが行われている。

⑤ めんの熟成との関係

生めんの熟成の仕方によって硬さが異なってくる。手打ちめんでは加水、ミキシングして生地にした状態でねかし（熟成）を行うが、機械めんでは圧延してできためん帯の状態で熟成させることが多い。

手打ちめんのように、生地の状態で熟成させる場合は、熟成によってめんの硬さが増加している。一方、機械めんのようにめん帯で熟成させると、生めんの硬さは低下傾向を示すことが実験によって確かめられている。

(3) ゆでめんの色と外観

ゆでめんに対する消費者の評価は、見た目の色や外観によるところが大きい。いくら食味がよくても、見かけが悪ければ、おいしそうには見えない。写真8―1にいろいろな乾めん料理例を示した。

ゆでめんの色と食味とは直接関係がないように思われるが、官能検査を行うと、食味の評価にも影響を与えることがわかる。図表8―3は、めんの色をそのままにした評価と、着色して色違いがわからないようにした場合を比較したものであるが、総合評価の変化をみると、色の評価のよかったものは全体的に評価が低下し、逆に色の評価の低かったものは向上していることがわかる。

図表8－3 普通のうどんと着色して色をマスクしたうどんの食味評価結果

試料名		色	はだ荒れ	硬さ	粘弾性	滑らかさ	匂い・味	(合計点)	総合
普通試料	基準	17.5	14	7	17.5	7	7	(70)	70
	A	18.7	14.8	7.3	18.3	7.9	7.2	(74.1)	73.8
	B	18.2	13.7	6.3	14.7	6.3	6.4	(65.6)	62.5
	C	22.4	15.7	7.8	20.1	8.2	7.6	(81.8)	84.7
	D	12.1	11.2	5.5	13.4	5.8	5.9	(53.9)	50.6
着色試料	基準	—	14	7	17.5	7	7	(70)	70
	A	—	14.9	7.1	18.9	8.1	7.6	(75.6)	78.4
	B	—	11.9	6.1	14.8	6.1	6.3	(60.3)	60.3
	C	—	15.9	7.8	19.8	7.9	7.5	(78.6)	78.9
	D	—	11.0	6.2	14.2	6.0	5.8	(57.5)	55.3

資料：国産小麦品質評価法研究会で試験した結果による
注　：1．普通試料、着色試料共に群馬県産農林61号を基準（70点）として他を評価した。
2．評価はパネル19名の平均値。
3．着色はカカオ色素を使用して行い、色以外の項目を評価した。
4．着色試料の合計点は計算で換算した（各項目の合計／0.75）。
5．総合は各項目とは別に孤立して評価した。

写真8－1　乾めん料理（例）

のっぺいそば

焼きうどん

鶏きしめん

ひやむぎのごまだれ

そうめんサラダ

五目焼きそうめん

トマトとモッツァレラチーズとバジルの冷製そうめん

第9章

めんつゆ

1 めんつゆの種類

(1) めんつゆの名称

めんの「つゆ」は「汁」「下地」ともいう。昔から「めん半分、汁半分」といわれ、めんとつゆ（汁）の味が調和して、めんがおいしく味わえるのである。

めんつゆの材料は、だし、しょうゆ、砂糖、みりんが基本である。しかし、関東と関西によって、それぞれの種類が異なり、とくにだしとしょうゆに大きな違いがある。

関東はかつお節のだしと濃口しょうゆが使われ、関西ではかつお節のほかに昆布だしを使い、うす口しょうゆを使用する。

関東のめんは、もりそばを中心にしてきたことから濃厚な辛汁が好まれた。一方、関西ではかけそば、かけうどんが主に食べられ、そのための甘汁が中心となってきたと考えられている。

もりそばなどのつけ汁に用いる濃い汁を「辛汁」あるいは「からむ汁」と呼び、かけそば、てんぷらそばなどのかけ汁に用いる薄い汁を「甘汁」あるいは「吸う汁」ということがある。関西では、かけ汁を「うどんだし」ともいう。

これらは江戸で使われた呼び名だが、各地方、各店によってそれぞれの呼び名が使用されているようである。

(2) 関東と関西の違い

めんつゆに使用されるかつお節には、荒節（かつお肉を煮ていぶしたもの）と枯節（荒節の表面を削って放置し、カビを発生させたもの）とがある。

関東では、主に枯節を使い、厚削りのものを長時間煮詰めてだしをとる。これによって関東独特の旨味を十分に抽出した濃厚なだしがとれる。関西では、荒節が多く使われる。

枯節は濃厚な味を好む関東の汁に合い、荒節は薫臭が強く、香りをたいせつにする関西の汁に合うということである。関西では、これに昆布だしを加える。昆布だしを使うのは、どちらかというと関西、九州である。

しょうゆは、関東が濃口、関西がうす口である。ここにも大きな違いがあるが、色の濃さによる見かけから、一般に関東の汁は濃くて辛く、関西の汁は薄くて甘いと思われがちである。しかし、料理素材の色を保つため、多く使わなくてすむように、塩分はうす口のほうが高くしてある。

つゆを作る前段階で、関東はかえしを作る。めんつゆにしょうゆを生のまま使うことはなく、砂糖、みりんを加えて「しょうゆを煮返す」ところから「かえし」の名称がついた。かえしには、生がえしと本がえしがあり、しょうゆに砂糖、みりんを加えて生がえしを作り、これを加熱して本がえしとする。

関東では、別々に作っただしとかえしを合わせて、辛汁とする。これを2番だしで2～3倍に薄めて甘汁とする。また、辛汁用と甘汁用のだしを別々に作り、かえしと混ぜたり、かえしも辛汁用と甘汁用を作ってそれぞれを合わせるところもあるようだ。

かえしを作らない場合は、だしに直接調味料を混ぜてつゆを作る。

関東でも、関西と同じように、甘汁を作るのに昆布だしを使用したり、また、うす口しょうゆを使うことが増えているようである。

(3) その他のつゆ

てんぷらなどの具が入っためんの種汁は、かけ汁に比べてやや薄くする。具を入れて加熱するので、汁が煮詰まって濃くなることを考慮しているからである。

冷たい種物の場合には辛汁、あるいは辛汁と甘汁の中間くらいを使うことが多い。また、かも南蛮など脂の強いものはやや濃く、おかめなどさっぱりしたものはやや薄めという具合に汁を加減することもある。

2 つゆの製法

めんつゆは「かえし」と「だし」を混ぜることでできあがる。

(1) だしのとり方

めんつゆの材料のうち、しょうゆ、砂糖、みりんなどは市販品を使用するので、だしのよしあしがつゆのおいしさを左右することになる。

つゆのだしは、かつお節を0・3～1㎜くらいに厚く削ったものを沸騰した湯に入れ、30分～2時間煮詰める。一般的なだしのとり方は、薄く削ったかつお節を沸騰した湯に入れ、ただちに火を止めてだしがらをとる。一方、めんつゆのだしのとり方は、これと大きく異なる。旨味成分を十分に煮出し、アクを分離するためにそうするのである。

かつお節の投入量は、湯1・8ℓに対して1～1・5kgである。普通の吸物のだしが1升に20匁（湯1・8ℓに750g）と比べて、かなり多い量を入れる。

煮詰められただしは、液の量が最初の50～70%に濃縮されているが、湯で薄めたりせずにそのまま使用する。だしは、さらし布を使ってだしガラと分ける。

(2) かえしの作り方

かえしの作り方には、次のような方法がある。

1）しょうゆに砂糖を直接溶かし込む。

2）砂糖を水にとかし、しょうゆと混ぜる。

3）水とみりん、あるいはみりんに砂糖を溶かし、しょうゆを混ぜる。

加える砂糖の量は、昔はしょうゆ1斗に1貫目～1貫100匁（18ℓに3・75～4・13kg）とされたが、最近のしょうゆは塩分がかなり低下しているので3～3・2kgくらいが適当と思われる。

生がえしは、1）の製法をとることが多い。本がえしは、これらを加熱することでできる。生がえし、本がえしともに、5日以上ねかし（熟成）を行う。貯蔵タンクを冷暗所に設置し、密封せずに曝気《ばっき》を行いながら熟成させることが必要である。

(3) だしとかえしの比率

さらしただしを再度釜に入れ、加熱してかえしが加えられる。かえしにみりんが添加されていないときは、ここで加える。

かき混ぜながら、一定の濃度になるまでかえしを加えるが、だしとかえしの混ぜる比率は、香りの強いそばではかえし1対だし1・25~2、小麦粉の配合が多くなるにつれてだしを多くして1対3・5~4とする。

(4) めんつゆの市販品

めんつゆには、多種多様な市販品が出回っており、「めん類等用つゆ」としてJASが制定されている。

広範囲の用途に使用できる2~3倍濃縮タイプが多く、めんの種類、食べ方、好みに合わせて水を加え濃さを調節して使う。

2倍濃縮の一例をあげると、つゆ1に対して加える水の分量は次のように表示されている。

そうめん・ひやむぎ……0・5
ざるそば・うどん……1
かけそば・うどん……3

最近は、それぞれの用途に、水を加えずにそのまま使用できるストレートタイプも登場している。

第10章 ＨＡＣＣＰ手法支援法

1 マニュアル作成の目的

安全な食品作りをめざすための新しい食品製造システムとして、米国に端を発したＨＡＣＣＰ（危害分析・重要管理点）の手法は、世界各国に広がりをみることになった。日本でも厚生労働省が、ＨＡＣＣＰの考えに基づいた「総合衛生管理製造過程」の認証制度を作った。消費者サイドに立って安全管理の徹底を図ることが必要となり、そのためにはＨＡＣＣＰの問題は、全国乾麺協同組合連合会として避けて通れないことから、乾めん類・手延べに適応した衛生・安全管理のやり方であるＨＡＣＣＰについて、わかりやすくマニュアルにまとめた。

2 ＨＡＣＣＰシステムとは

ＨＡＣＣＰとは、危害分析重要管理点のことをいう。「ＨＡ（Hazard）」は、危害分析（危害分析とは、「乾めん類」でいえば製造工程ごとに安全性に害を与えるカビ・虫・異物の混入等がどこで発生するのかを明らかにすること）、「ＣＣＰ（critical control point）」は、重要管理点（危害分析の結果、危害の発生を防止するためにきわめて重要な管理点について、管理が適正に行われているときに守らなければならない基準を定めること）である。

ＨＡＣＣＰシステムは、一般衛生管理事項であるＰＰ（Prerequisite Program ＝前提条件プログラム）やＧＭＰ（Good Manufacturing Practice ＝適正

製造基準）ならびにＳＳＯＰ（Sanitation Standard Operating Procedures＝衛生標準作業手順）を土台として成り立っている。ＨＡＣＣＰ方式を導入するときには、一般衛生管理事項がきちんと実施されているかをチェックする必要がある。

衛生管理の基本は、５Ｓ（整理・整頓・清潔・清掃・躾《しつけ》（習慣づけ）である。

3　導入した結果のメリット

1）事業所全体に安全性の向上についての意識が高揚する。
2）消費者に対するＰＲで信頼度が高まる。
3）販売業者との関係では、取引を有利に展開できる。
4）作業効率の向上に役立つ。
5）衛生と安全性が継続して実施できる。
6）故意の第三者に対し対抗できる。

4　7原則と12の手順

アポロ計画による宇宙食の安全確保のため、ＨＡＣＣＰシステムが考えられたが、これには食品の安全性を高めるために7つの原則がある。この7つの原則を食品衛生管理のなかに適用するための手順として、細かく説明したのが12の手順である。12の手順と7つの原則については図表10―1の通りである。

5　導入のための作業手順

第1段階……ＨＡＣＣＰシステムを導入するための体制作りが必要。

第2段階……一般的衛生管理プログラムを作成することが必要。すなわち、施設や設備の衛生管理、機械器具の保守点検、従業員の衛生教育、製品の回収等の衛生管理に関わる一般的な事項である。HACCPを効果的に機能させるには施設、設備、そ族、昆虫類の防除などの衛生管理が必要（図表10―2）。

第3段階……HACCPプランの作成が必要（図表10―3～9）。

HACCPシステムは、面倒で大変だと思われがちだが、日頃から衛生に最大限の注意を払って製造していること自体が、HACCPを取り組んでいるといえる。全国乾麺協同組合連合会では、HACCP手法を乾めん製造に取り込むため、平成13年厚生労働大臣・農林水産大臣からHACCP支援法の指定認定機関に指定された。消費者の食品に対する安心・安全の要望はかぎりなく強く、衛生管理の基本である5S（整理・整頓・清潔・清掃・躾〈習慣づけ〉の徹底を図り、HACCP手法への導入を普及させたいとしている。

手順1	専門家によるチームを設置します。 （事業主を含めて専門家のメンバーを編成しますが、事業所内に適当な人材が不足している場合は、外部から専門家を招きます）
手順2	製品についての記述をします。 （製品・原材料・添加物等の名称と使用量、塩分濃度、容器・包装の形態等の明細を記載し確認します）
手順3	製品の用途を確認します。 （乾めん類の喫食対象となる消費者に危害発生防止と、特別に考慮すべきことがあるかないか検討するため、対消費者の特徴を確認します）
手順4	製造工程一覧図の作成をします。 （原材料の受入れから出荷に至るまでの、主なる工程を代表するような作業名を列挙して、その工程のつながりがわかるような図を描きます）
手順5	現場の確認をします。 （上記の図面や、標準作業手順書が、実際の現場と合っているかどうか確認します）

以上の準備をしてから、それで得られた書類に基づいて危害分析を始めることになります。ここまでは、危害分析をするための準備作業になります。

手順6	原則1 （危害分析の実施）	手順1の専門家チームにより、安全性に害を与えるカビ・虫・異物の混入等について何があるか、それがどの製造工程・施設などで発生要因となるかを分析して、明らかにします。
手順7	原則2 （重要管理点の設定）	危害分析の結果、明らかにされた危害の発生を防止するため、重点的に管理すべき製造工程や、施設を定めます。
手順8	原則3 （管理基準の設定）	原則2の重要管理点が定められたら、これを守らなければならない管理基準を設けます。 管理基準を守らないと、製品の安全性や製品規格が守られない危険性があります。
手順9	原則4 （監視方法の設定） モニタリング	危害の発生を防止するための措置が確実に行われているか確認する手段が必要で、そのための道具として温度計のほか、人間の五感（目・鼻・耳・舌・皮膚）も道具となります。さらにそれを記録しておきます。

図表10－1
食品の安全性を高める7原則と12の手順

手順10	原則5 (改善措置の設定)	管理基準からはずれていればその原因を明らかにし、場合によっては廃棄するとか、次に生産をする場合の改善方法を記録しておく等の措置をします。
手順11	原則6 (検証方法の設定)	工程ごとの重要管理点をチェックすることで、最終製品の検査は不要ですから、定められた通りキチンと機能しているかどうかを検証（たしかめる）することが重要になります。
手順12	原則7 (記録の保管)	計画を適切に実施したことの証拠にしますから記録を正確に作成し、保管場所と責任者を明確にしておきます。 HACCPプランの実施に関する記録としては ＊モニタリングの結果 ＊改善措置の実施結果 ＊一般的衛生管理プログラムの実施結果 ＊モニタリングの結果 ＊検証の実施結果 等があります。

図表10－2　HACCPシステム導入の組み立て

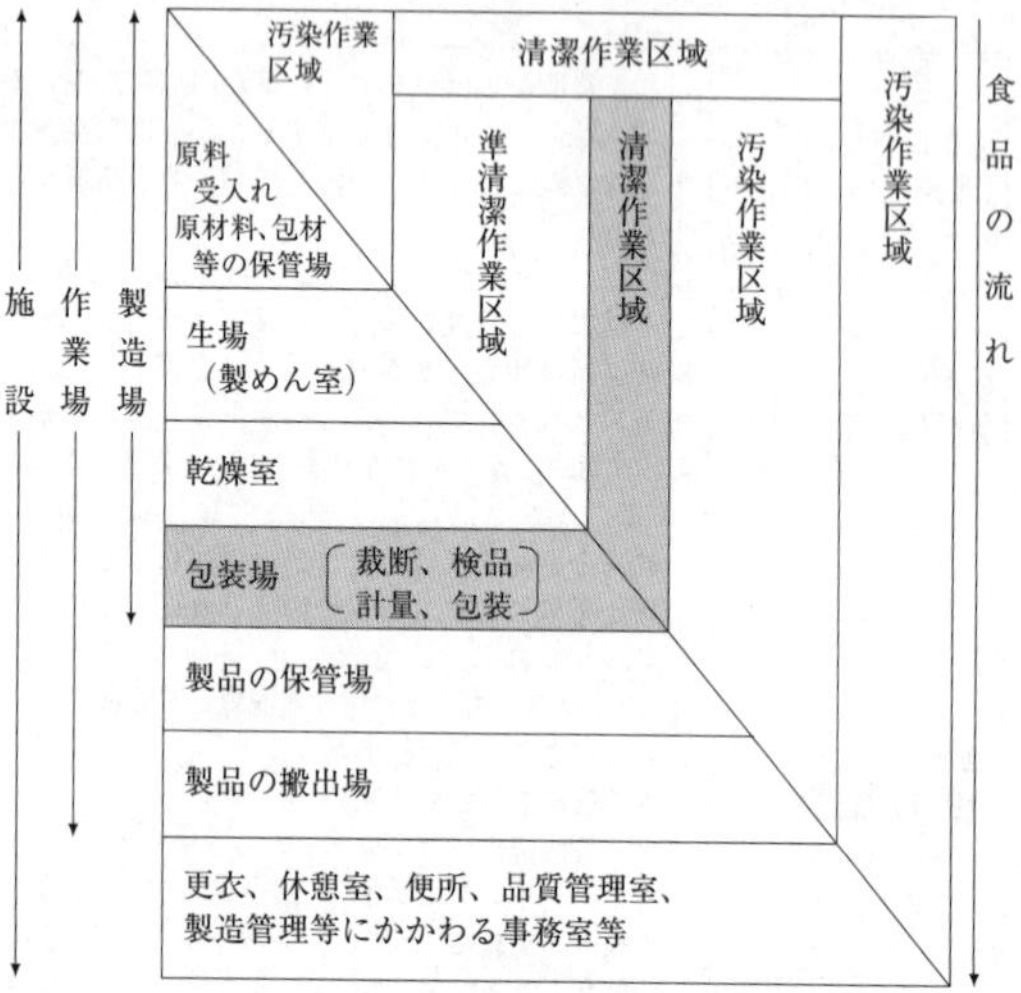

図表10－3　乾めん類・手延べの施設内各場所の区分と食品の流れ

図表10－4　乾めん類・手延べ干しめんＣＣＰ整理表

製品の名称	乾めん類（半生めんを含む）および手延べ干しめん
工程	金属検知・検出
危害	金属異物の残存
管理基準	金属異物の残存していないこと
モニタリング方法	・金属検知・検出機を通過させ、確認する。 ・頻度：全数 ・担当者：包装担当者
改善措置	・○時間ごとにテストピースを流して金属検知・検出機の感度を確認し、作動不良が認められた場合は、正常に金属検知・検出機が作動した時点の製品までさかのぼって再度金属検知・検出機を通過させて金属片の有無を確認する。 ・金属片の混入が明らかとなった製品があった場合は、包装担当者は責任者に報告し、その責任者は廃棄するか選別して再度利用するかを包装担当者に提示する。 ・担当者：包装担当者
検証方法	・金属検知・検出機チェック記録の確認（○回／日、包装責任者） ・金属検知・検出機の精度確認（○回／日、品質管理責任者） ・改善措置の記録の確認（○回／年、品質管理責任者）
記録文書名と記録内容	・金属検知・検出機チェック記録：製品名、検査数量、ロットNo.、モニタリング日時および担当者氏名 ・金属検知・検出機の精度記録：精度書確認の日時、精度の結果、精度確認者の氏名 ・改善措置の記録：改善措置の内容（日時、異常の状況、措置内容、包装責任者氏名）

図表10－5　乾めん類・手延べに可能性のある食中毒菌と生育特性

菌種	主な汚染源	発症菌量	増殖可能な水分活性（aw）	熱抵抗性（菌数が1／10に減少する時間）
黄色ブドウ球菌	ヒト、食鳥肉	10^5～10^6／ヒト	0.86以上	60℃：21～42.35分
病原大腸菌	ヒト、動物の糞便乳、食肉、食鳥肉	10^6～10^{10}／ヒト	0.95以上	60℃：1.67分
セレウス菌	穀物類、香辛料調味料、土壌	10^5～10^{11}／ヒト	0.93以上	85℃：50～106分（嘔吐型） 85℃：32～75分（下痢型）
ボツリヌス菌	土壌、魚介類容器包装食品	3×10^2／ヒト	0.93以上	121℃：0.23～0.3分

図表10－6　乾めん類に可能性のある化学的危害原因物質の発生要因と防止対策

化学的危害原因物質	危害の発生要因	主な防止対策
カビ毒	原材料（輸入香辛料）の汚染	輸入者の保証書、成績書、自主検査
食品添加物	添加物規格に適合しないものの過剰使用	添加物製造者の保証書、正確な定量
農薬	原材料への混入	適性な保管と使用、納入者の保証書
指定外添加物	指定添加物との混同	納入者の保証書
殺菌剤、潤滑油塗料、洗剤	不適正な使用方法	使用方法の遵守、取扱者の教育訓練

図表10－7　乾めん類に可能性のある物理的危害原因物質の発生要因と防止対策

物理的危害原因物質	危害の発生要因	主な防止対策
木片	破損した木製器具の混入 混入した原材料の使用	破損飛散防止措置 フィルターの使用
金属片	製造設備、機械器具の破損片の混入 混入した原材料の使用	製造設備・器具等の保守点検、金属探知機の使用
ネズミ、昆虫など	建物、原材料からの混入	殺虫、殺鼠、施設構造の保守点検、目視確認

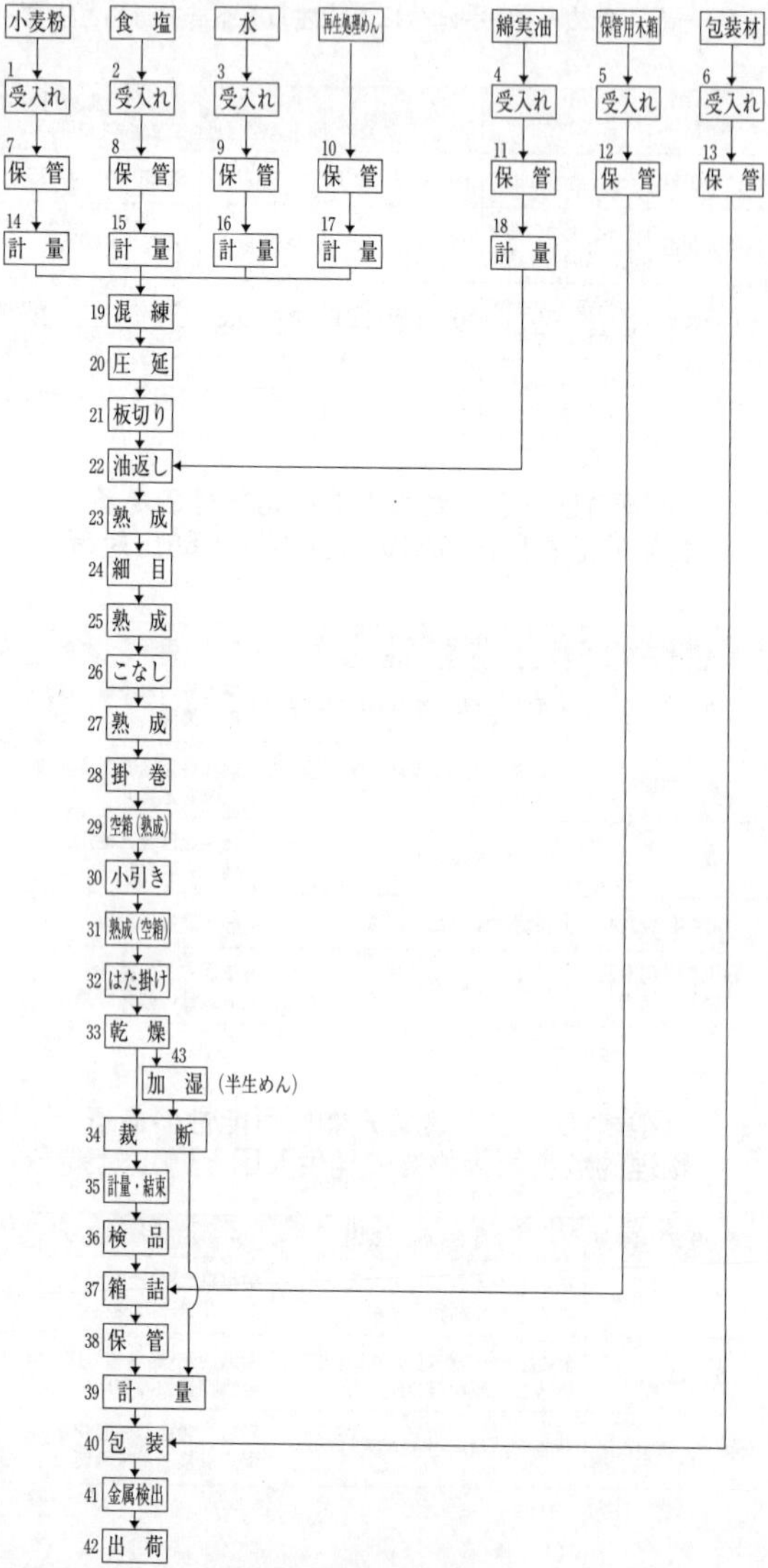

図表10－8　手延べ干しめん類フローダイヤグラム
（製造工程一覧図）

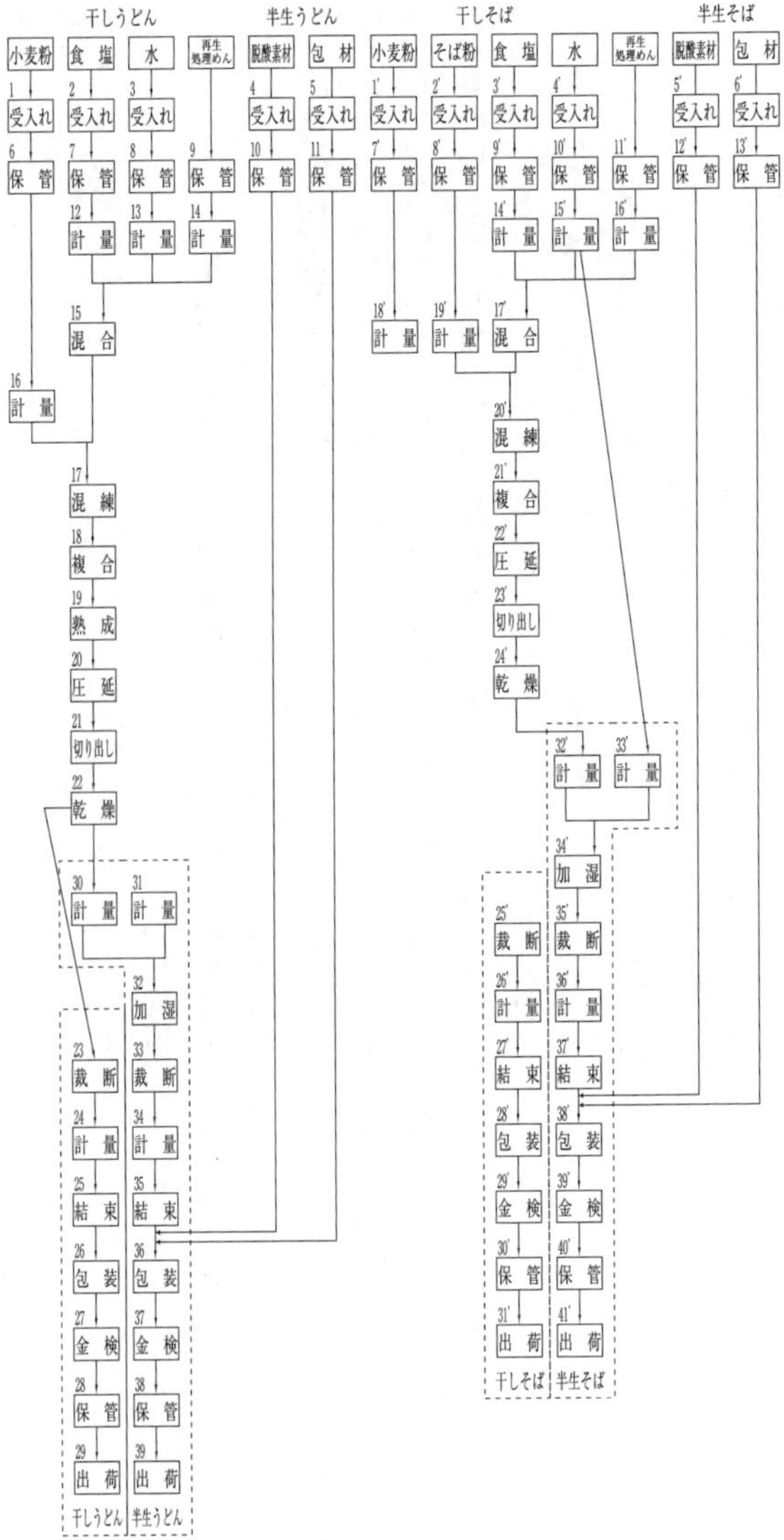

図表10－9 乾めん類のフローダイヤグラム
（製造工程一覧図）

第11章 その他の事柄

1 製めんの技能検定制度

(1) 技能検定制度の目的

乾めんの製造は、手延べそうめんをはじめ、熟練した手作業に大きく依存してきた。技術の進歩にともない、かなり機械化は進行しているが、製めんには今でも一定レベルの技術の熟練が必要とされる。しかし、若年労働者が減少し、高齢化が一段と進むなかで、技術を習得し継承していくべき人材の確保がますます困難になっている。

こうした状況を踏まえ、乾めん製造技能者の技術の向上を図るため、技能士検定制度を導入し、昭和58（1983）年から機械乾めん、平成5（1993）年からは手延べそうめんについて、それぞれ技能検定が実施されている。

この技術検定は、職業訓練法に基づいて、種々職種を対象として実施されている。いずれも労働者の技能を一定の基準に基づいて検定し、公証する国家検定試験制度である。その目的は、技能者の技術に対する習得意欲を増進させると同時に、その成果に対する社会的評価を高め、技能と地位の向上を図り、産業の発展に寄与することである。

(2) 技能検定試験の概要

技能検定は、対象職種ごとに1級、2級と区分するものと、等級に区分しない単一等級とがある。乾めんの技能検定は単一等級とされている。

検定試験は、1年を前後期に分け実施されているが、実施日程は、およそ図表11－1のとおりで、手延べ干しめんは前期（隔年ごと）、機械製めんは後期（3年ごと）に行われている。

検定試験は、学科試験と作業試験が行われる。

機械乾めんの実技試験は、製造のすべての作業について行うのは時間的に不可能であるため、実際的な判断などを試験する要素試験と、ペーパーテストで構成されている。

手延べ干しめんについては、要素試験のみ行い、ペーパーテストは除かれている。

その内容は、毎年変更されることになっているが、実技試験の一例をあげると次のようである。

［機械製めん（乾めん製造作業）］

◇要素試験（試験時間）

・圧延切り出し機のロール操作（10分）
・塩水の調整（10分）
・原料粉の判定（3分）
・めん帯の加水率の判定（3分）
・切刃番号の判定（3分）

図表11－1
乾めんの技能検定試験の日程（例）

	実施期	実施の公示	受検申請受付	実技試験 問題公表	実技試験 実施	学科試験	合格発表
手延べ干しめん	前期	3月上	4月上～中	6月中	6月下～9月下	8月中～下	10月上
機械乾めん	後期	9月上	10月上～中	11月下	12月上～翌2月下	翌2月中～下	3月中

※上…上旬　中…中旬　下…下旬
※手延べは隔年、機械乾めんは3年ごとに実施（平成20年現在）。

・めんの乾燥の判定（5分）
・めんの水分判定（25分）
◇ペーパーテスト（1時間）
［手延べ干しめん製造作業］
◇第1作業（打ち切り時間40分）
・めん帯（板切りの状態）を支給
①油返し、②細目、③こなし
◇第2作業（打ち切り時間1時間40分）
・めん紐（掛け巻きの状態）を支給
①小引き、②室箱（熟成）、③乾燥作業（門干し）

［学科試験］

食品全般および専門の知識を試験する。

［実施経過］

年々受検者が減少（厚生労働省としては、毎年開催は百名以上の受検者のある業種）していることから、機械製乾めんは平成20（2008）年度より3年ごと、手延べ干しめんについては隔年実施となっている。さらに受検者が少なくなると休止となる。ただし、取得した「製めん技能士の資格」は継続される。

2　PL法と対策

⑴　PL法の施行

日本において、製造物責任法（PL法）が平成7（1995）年7月から実施され、乾めん業界も対応に取り組んでいる。

PL法は、欠陥商品により被害を受けた消費者を救済することを目的とする法律である。この施行にともない、消費者はメーカーの過去を証明しなくても製品に欠陥があると立証すれば、企業は賠償責任を負うことになる（図表11―2）。こうしたことから、日本の各産業では、消費者に対して新たな対応を迫られた。

乾めん業界では、近年、新製品の開発が増えており、製品の欠陥による実際的な事故だけでなく、消費者の誤解などに基づく苦情も少なくはない。

こうした実情を踏まえて、乾めん業界の全国組織である全国乾麺協同組合連合会では、商品に関するトラブルの防止などの対策を進めている。その一環として、たとえば、製品の事故から得られた情報や経験を、工場における製品管理の向上などに活用したり、また、消費者が製品を選び、適正な使い方ができるように、幅広く収集、整理して、マニュアルを作成したりしている。

ＰＬ対策としては、乾めん業界独自の賠償共済制度（ＰＬ保険）を設けている。

(2) 表示の仕方

一般に加工食品の事故は、商品の表示内容が説明不十分であったり、わかりにくかったりして、商品特性などについて適正な情報が消費者に十分に伝えられていないことが原因となっている場合が多いと考えられる。

そうした観点から、乾めん商品の表示の充実を図り、内容をわかりやすいものにするため、表示の記載事項、文字の大きさ、絵表示の採用などについて、適正化に必要なガイドラインを設けている。

① 表示の記載事項

乾めん類および手延べそうめん類は品質表示基準に基づき、一括表示が義務づけられているが、包装袋はスペースに制約があるので、表示内容は事故防止にとくに必要なものに限り、かつ簡潔に記述する。表示項目は、次のとおりである。

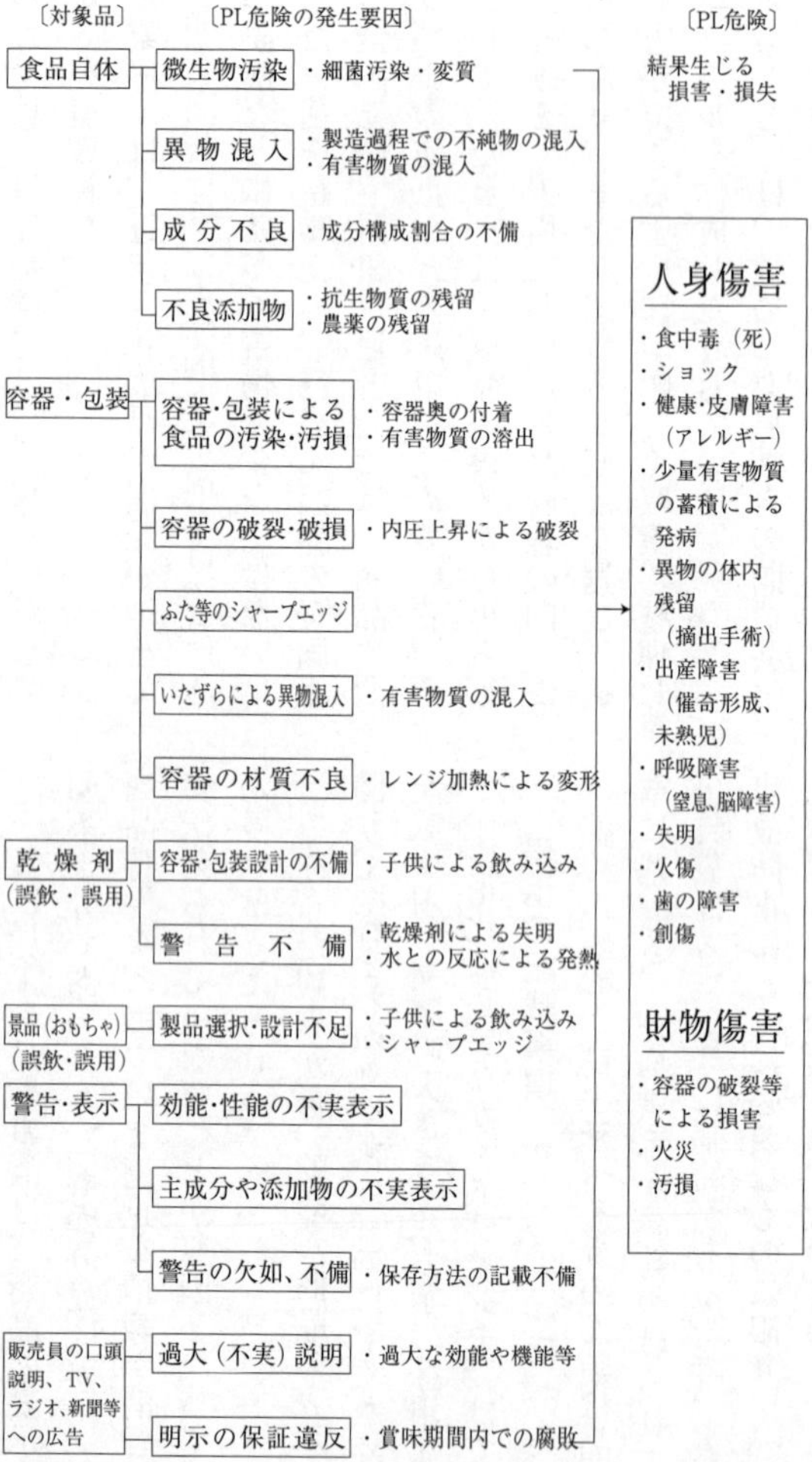

図表 11 ― 2　食品の PL 危険の発生要因と損害形態

						受付番号	
受付年月日時間				担当者			
受付方法	1. 電話　2. 手紙　3. 来社　4. その他（　）						
申出の種類	1. 問合せ　2. 商品クレーム　3. 事故						
申出者	氏名 住所（ビル名、部屋番号）						
被害者	氏名 住所（ビル名、部屋番号）						
苦情	発生年月日時間						
苦情	発生場所						
苦情商品名		賞味期限		ロット番号			
購入年月日							
購入店	名称	住所					
食した年月日							
損害の程度（身体・製品）							
申出内容 要望内容							
処理経過							
処理	依頼先						
処理	依頼年月日						
処理	依頼内容						
処理	結果						
処理	所見						
お客様へ処理内容	1. 説明　2. 代替品　3. 返品　4. その他（　）						
お客様へ回答方法	1. 電話　2. 手紙　3. 訪問						
お客様へ回答年月日							
社内的対応							
決算							

図表11－3　苦情等の受付カード（例）

表示量	誤差
5 g以上50 g以下	6 %
50 gを超え100 g以下	3 g
100 gを超え500 g以下	3 %
500 gを超え1.5kg以下	15 g
1.5kgを超え5 kg以下	1 %

※量目交差違反は罰金等罰則。

図表11－4　計量法における量目交差

・品名……乾めん類は、干しそばまたはそば、干しうどんまたはうどん、干しひらめんまたはひらめん、ひやむぎまたは細うどん、そうめん。手延べそうめん類では、手延べうどん、手延べひやむぎ、手延べそうめん。
・原材料名……多いものから順に記載。
・内容量……計量法を遵守。
・賞味期限……枠外に記載可。ただし、記載箇所を明示。
・保存方法……直射日光を避け、湿気のないところで保存する。
・調理方法……ゆで時間を必ず記載。
・製造業者または販売業者……販売業者名を記載し、略号を使用する場合は、所管保健所に届ける。

製造業者が個人の場合は、代表者の氏名を記載。

② 用語の説明

用語の説明は、乾めんの概要と食べ方を理解するうえで重要であるので、専門用語や乾めん固有の用語を用いる場合は、表示の部分に解説をつけるなどの工夫をする。

③ 適切な食べ方

保管場所についての留意点、経時変化、カビなどの兆候の見分け方を明記する。

④ 開封後の取り扱い方

開封した後、残ったものをどのように取り扱うか、その保存方法を表示する。製品によって異なるが、全国乾麺協同組合連合会では、目安として「高温多湿を避け、チャック付き袋等に入れて保存し、1週間以内に食べきる」こととしている。

⑤ 警告

警告のなかでも、とくにアレルギーなど重要なものについては、表示の冒頭に記述したり、大きな活字、コントラストの強い色などを使用したりして目立つ工夫をし、わかりやすいものとする。

危険の程度や想定される事故の被害の大きさなどに応じて、「危険」「警告」「注意」などの用語を用いる。

警告は、できるかぎり包装袋に表示する。

(3) 製品の事故と苦情への対応

消費者からメーカーへ寄せられる苦情の多くは、実際に商品を食べたときに、購入する際に期待した品質と大きく異なっていた場合や食品が原因で危害や危険が生じたときである。

図表11―2にPL法に関連する食品の事故の発生要因と損害の形態を示す。

消費者の苦情に対して、メーカーは消費者の立場に立って謙虚に受け止め、納得のいく方法で迅速、公正に処理する必要がある（図表11―3）。

そうした一方、事故の再発を防ぐ意味からも原因の究明に取り組まなければならない。

3 計量法

食品、日用品等の消費生活関連物資で、消費者利益の確保等の視点からその重要性が指摘されている、適正な計量の実施について平成5（1993）年に計量法が改正された。その主たる内容は、

・指定商品の範囲：包括的名称で指定。たとえば、小麦粉・上新粉は、粉類。

・量目公差：プラス側の量目公差を撤廃。乾めんの該当取引量の上限は5kg以下が対象（図表11―4）。

輸入する食品に対して、HACCP対応工場であることを義務づけている。

4　乾めんの輸出促進

世界的な日本食ブームに便乗するのではなく、乾めんの輸出量が顕著に伸長していることもあって、全国乾麺協同組合連合会として、平成19年から乾めんの輸出促進に取り組んでいる（図表11―5）。乾めんにおいては、中国本土、香港、北米で市場調査を実施、また、PR用ツールとして、乾めんのしおりと販促用ツールの作成をした（写真11―1、写真11―2）。経済発展にともなう富裕層の増加等により、高品質な日本の農林水産物・食品に対する需要の高まりがあり、乾めんの輸出拡大の可能性も期待できることから、将来の市場拡大に活路を見出している。

アメリカ合衆国では、食品安全強化法によって、

全国乾麺協同組合連合会
HACCP
支援法
認証マーク

図表11－5
全国乾麺協同組合
連合会支援法マーク

写真 11 －1　輸出用パンフレット

写真 11 －2　輸出用グッズ

関連法規

ここでは、乾めん類・手延べ干しめんにかかわる関連法規等を以下に示す。各法律の条文についての詳細は、それぞれに記載したホームページ（HP）アドレスから確認するとよい。

(1) 日本農林規格

① 乾めん類日本農林規格

〔昭和61年6月9日 農林水産省告示第911号〕
〔最終改正 平成26年5月15日農林水産省告示第6530号〕

② 手延べ干しめん日本農林規格（特定JAS）

〔平成16年6月18日 農林水産省告示第486号〕
〔最終改正 平成21年4月9日〕
※参照：http://www.maff.go.jp/
〈農林水産省ホームページ〉食品表示とJAS規格→JAS規格一覧
※参照：http://www.kanmen.com./
〈全乾麺ホームページ〉乾めんの規格等

(2) 食品表示法

施行期日 平成27年4月1日
※参照：http://www.caa.go.jp/
〈消費者庁ホームページ〉食品表示一元化情報

(3) その他

① 全国乾麺協同組合連合会表示等のガイドライン

〔平成15年9月1日 全国乾麺協同組合連合会〕
〔最終改正 平成24年1月11日〕
※参照：http://www.kanmen.com./
〈全乾麺ホームページ〉乾めんの規格等

② 栄養成分表の表示

※参照：http://www.caa.go.jp/
〈消費者庁ホームページ〉食品表示一元化情報

〔写真提供〕

全国乾麺協同組合連合会
（一社）日本麺類業団体連合会
兵庫県手延素麺協同組合
香川県製粉製麺協同組合
（一財）製粉振興会
奈良県三輪素麺協同組合
日清製粉㈱／㈱北舘製麺／㈲下谷麺機
㈱トーキョーメンキ／㈱増島製作所／
㈱はくばく／揖保乃糸「庵」

〔参考文献〕

小田開多「新めんの本（第6版）」食品産業新聞社（1991年）
新島 繁・柴田茂久監修「麺類百科事典」食品出版社（1984年）
長井 恒編著「日本の食文化大系第15巻『うどん通』」東京書房社（1985年）
日本麺類業団体連合会企画「そば・うどん百味百題」柴田書店（1991年）
石毛直道「文化麺類学ことはじめ」講談社文庫（1995年）
伊藤 汎「日本麺類誕生記 つるつる物語」築地書館（1987年）
植原路朗「蕎麦事典」東京堂出版（1972年）
藤村和夫「蕎麦のつゆ 江戸の味」ハート出版（1993年）
日本製粉振興会編「小麦粉の話」日本製粉振興会（1990年）
柴田茂久・中江利昭編「小麦粉製品の知識」幸書房（1990年）
中尾佐助監修「小麦粉博物誌」文化出版局（1985年）
浅井 保編「そば・うどん用語事典」浅井 保
「製めん技能検定受験のためのテキスト」全国乾麺協同組合連合会（1994年）
「米麦加工食品等の現況」日本麦類研究会（2002年）
協同組合浮羽麺研クラブ編「浮羽のめん」
高木貞二・城戸幡太郎監修「実験心理学提要（第3巻）」岩波書店（1953年）

小島高明「体当たりうどん考」朝日新聞社（1980年）
さぬきうどん研究会編「讃岐うどん入門」（1992年）
全国生めん類公正取引協議会編「生めん類の表示及び解説」
全国乾麺協同組合連合会編「急迫する労働環境への具体的改善策を求めて」
全国乾麺協同組合連合会編「乾めん類品質管理担当者専門講習会テキスト」
「乾めん製造における熟成及び再生麺処理の技術戦略化ビジョン」全国乾麺協同組合連合会（1988年）
日本醤油検査協会編「めん類等用つゆのJAS関係法規集」
「乾めん流通効率化の方向」全国乾麺協同組合連合会（1983年）
日本蕎麦協会編「そば関係資料」
長井　恒「うどんの技術」食品出版社（1980年）
「小麦二次加工業実態調査結果」日本麦類研究所（2006年）
「小麦粉」日本麦類研究所（2007年）
兵庫県乾麺協同組合編「組合五十年史」兵庫県乾麺協同組合
兵庫県手延素麺協同組合編「揖保乃糸九十年史」兵庫県手延素麺協同組合（1985年）
東京製麺機工業協同組合編「麺機百年史」東京製麺機工業協同組合（1980年）
全国乾麺協同組合連合会編「日付表示等ガイドライン制定報告書」
製粉振興会編「小麦粉の魅力」製粉振興会（2003年）

著者の略歴　安藤　剛久（あんどう　たけひさ）
全国乾麺協同組合連合会専務理事

昭和19年3月4日静岡県で生まれる。昭和41年3月明治学院大学経済学部卒業。全国乾麺協同組合連合会専務理事、有限責任中間法人乾めん・手延べ経営技術センター理事長、製麺（機械乾めん）技能検定中央委員、製麺（手延べめん）技能検定中央委員、全国中小企業団体中央会組合士。平成15年藍綬褒章受章。

食品知識ミニブックスシリーズ**「改訂4版　乾めん入門」**
定価：本体1,200円（税別）

平成7年11月24日　初版発行
平成11年9月30日　改訂版発行
平成20年10月31日　改訂3版発行
平成28年5月10日　改訂4版発行

発　行　人：松　本　講　二
発　行　所：**株式会社　日本食糧新聞社**
〒103-0028　東京都中央区八重洲1-9-9
編　　　集：〒101-0051　東京都千代田区神田神保町2-5
北沢ビル　電話03-3288-2177
FAX03-5210-7718
販　　　売：〒105-0003　東京都港区西新橋2-21-2
第1南桜ビル　電話03-3432-2927
FAX03-3578-9432
印　刷　所：**株式会社　日本出版制作センター**
〒101-0051　東京都千代田区神田神保町2-5
北沢ビル　電話03-3234-6901
FAX03-5210-7718

本書の無断転載・複製を禁じます。
乱丁本・落丁本は、お取替えいたします。

カバー写真提供：PIXTA
ISBN978-4-88927-249-9　C0200

★乾めん業界の育成・発展に活躍する

広告索引（掲載順）

●株式会社日本出版制作センター
●有限会社佐藤製麺
●株式会社なごやきしめん亭
●ニッショク映像株式会社
●長野県信州そば協同組合
●日本手延素麺協同組合連合会
●はたけなか製麺株式会社
●カネス製麺株式会社
●高尾製粉製麺株式会社
●ヤマダイ株式会社
●星野物産株式会社
●一般社団法人
乾めん・手延べ経営技術センター
●トーキョーメンキ株式会社
●兵庫県手延素麺協同組合
●日本製粉株式会社

自費出版で"作家"の気分

筆を執る食品経営者急増

あなたもチャレンジしてみませんか

自分史

企画から制作まで
お手伝い致します

ご連絡をお待ちしております

NSS

■食品専門の編集から印刷まで

日本出版制作センター

☎ 03-3234-6901

FAX 03-5210-7718

東京都千代田区神田神保町二-五
北沢ビル4階

非常食検索サイト

http://center-net.jp/hijyoushoku

非常時の情報も掲載。
商品カテゴリー別で簡単検索！
掲載企業の販売ページへリンク！

非常食

サイト掲載希望の↑
企業様はこちらまで
日本食糧新聞社出版本部
TEL03-3288-2177

有限会社佐藤製麺

代表取締役 佐藤 誠

九六三-八〇七一 郡山市富久山町久保田字古担一七七-一
電話〇二四(九四四)六九二〇

創業明治10年 心のかよう商品つくり
きしめん、うどん、ひやむぎ、そうめん

株式会社 なごやきしめん亭

四九一-〇一四一 愛知県一宮市浅井町黒岩番外十九
電話〇五八六(七八)三二五一

「食」の最新情報とトレンドを伝える
「日本食糧新聞」の動画チャンネル

ニッショク映像 株式会社

一〇五-〇〇〇三 東京都港区西新橋二-二一-二第一南桜ビル
電話〇三(三四三二)三一〇三

長野県信州そば協同組合

理事長 小出一雄

三八〇-〇九二二 長野市栗田西番場二〇五-一
電話〇二六(二三九)六七七五

日本手延素麺協同組合連合会

理事長 井上 猛

六七九-四一六七 兵庫県たつの市龍野町富永二二九-二
電話〇七九一(六二)〇八二六

熟練の技で丹精込めた味わいの逸品

みちのく手延べ温麺（70g×4）×12

ぜいたく温麺（100g×4）×16

ぜいたく茶そば（200g）×20

はたけなか製麺株式会社

http://www.hatakenaka.jp E-mail:men@hatakenaka.jp

本社工場 〒989-0276 宮城県白石市大手町4番11号
TEL(0224)25-0111 FAX(0224)25-0115
東京営業所 〒176-0025 東京都練馬区中村南1-30-15

播州 たか尾の乾麺

独自製法で高品質の麺を安定供給しています。

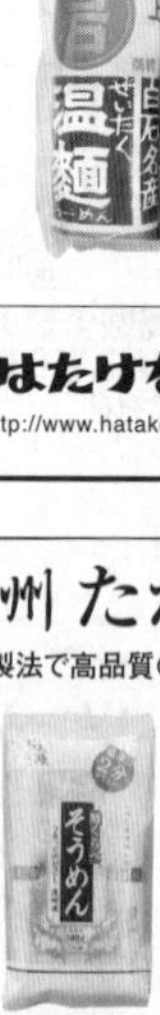

麺くらべ そうめん
500g

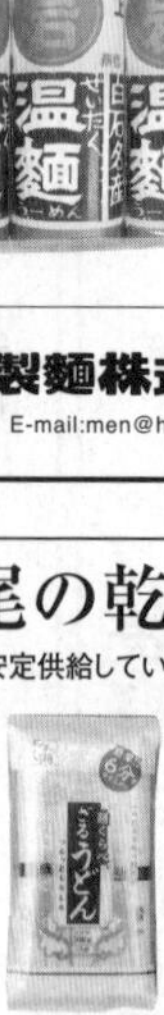

麺くらべ ざるうどん
500g

腰じまん そうめん
400g

姫蕎麦
230g

乾麺HACCP　ISO22000認証取得

高尾製粉製麺株式会社

〒671-2246 兵庫県姫路市打越11-1
TEL(079)266-1011(代) FAX(079)267-1449
ホームページ:http://www.takaoseimen.co.jp
E-mail:honsha@takaoseimen.co.jp

カネス製麺株式会社

兵庫県たつの市新宮町井野原212-4

http://www.kanesuseimen.co.jp

ゆうきつむぎの郷

手《て》緒《お》里《り》

秘伝熟成

ヤマダイ株式会社

〒300-3598 茨城県結城郡八千代町平塚4828

星野の麺用粉

●● 上州小麦の風味 ●●

上州 さとのそら	絹の華	あかぎ鶴
明るくクリーミーな色、粘りとコシのバランスに優れたうどんに。	明るいクリーミーな色調、もちもちした歯ごたえと、なめらかな喉ごし、適度なコシのうどんに。	でんぷん粘度が非常に高く、もちもち感の強いうどんに。

星野物産株式会社
〒376-0193 群馬県みどり市大間々町２４５８－２
TEL0277-73-3333 http://www.hoshinet.co.jp

乾めん類

手延べ干しめん

JAS登録認定機関

一般社団法人

乾めん・手延べ経営技術センター

〒103-0026
東京都中央区日本橋兜町15-6 製粉会館6階
TEL 03-3666-7900
FAX 03-3669-7662
eメール info@kanmen.com
ホームページ http://www.kanmen.com

Tokyo Menki

80年の信頼と実績

明日をつくる まごころカンパニー

トーキョーメンキ 株式会社

〒336-0022 埼玉県さいたま市南区白幡 6-19-16
TEL 048-836-5460 URL http://tokyomenki.jp

取扱商品
・製麺プラント
（即席麺、茹麺、生麺、乾麺）
・製麺単体機・テスト機
・店舗用パスタ機
・他、製麺機全般

播 揖保乃糸

本物を受け継ぐ

古きを守り新しい息吹を込める
その歴史の積み重ねこそ
本物の伝統 本物をいただきます

歌舞伎俳優
中村隼人

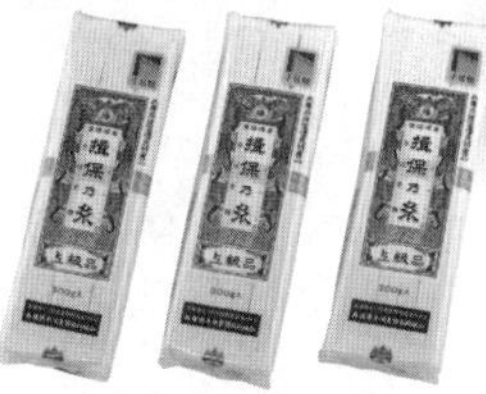

手延そうめん
6把 300g

手延ひやむぎ
2把 400g

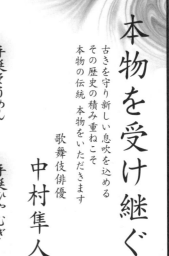

おいしい
めん作りは、
まず小麦粉選びから。
NIPPN
日本製粉株式会社
http://www.nippn.co.jp